植物叶片上的瘿蚊幼虫

蚕豆苗上的瘿蚊幼虫

采收植物苗上的瘿蚊幼虫

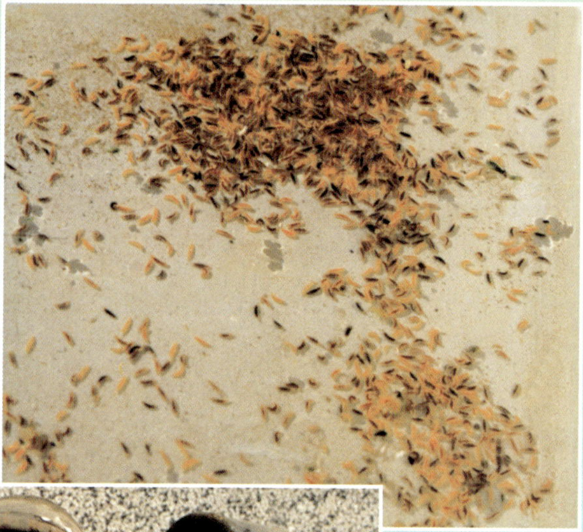

采收盘水中的瘿蚊幼虫

采收盆栽苗上
的瘿蚊幼虫

将水盘中的瘿蚊
幼虫移入瓶中

瘿蚊蛹态低温贮藏

用于饲养瘿蚊的玉米蚜虫

用于饲养瘿蚊

的菜豆蚜虫

用于饲养瘿蚊的的萝卜蚜虫

萝卜蚜

瘿蚊饲料——青椒苗上的桃蚜

桃 蚜

瘿蚊饲料——棉蚜

棉 蚜

瘿蚊饲料——蚕豆修尾蚜

修尾蚜

饲养瘿蚊幼虫的养虫室

可应用瘿蚊防治蚜虫的温室和大棚

丽蚜小蜂成虫

黄瓜叶上的丽蚜小蜂黑蛹

丽蚜小蜂的商品包装——本卡、片卡和袋卡

在小温室中释放丽蚜小蜂防治白粉虱

在大温室中释放丽蚜小蜂防治白粉虱

白粉虱成虫

叶片上的白粉虱成虫

白粉虱若虫

寄生于粉虱体内的丽蚜小蜂幼虫

被寄生的粉虱若虫(黑蛹)

大量示范应用丽蚜小蜂防治白粉虱的大庆全光温室

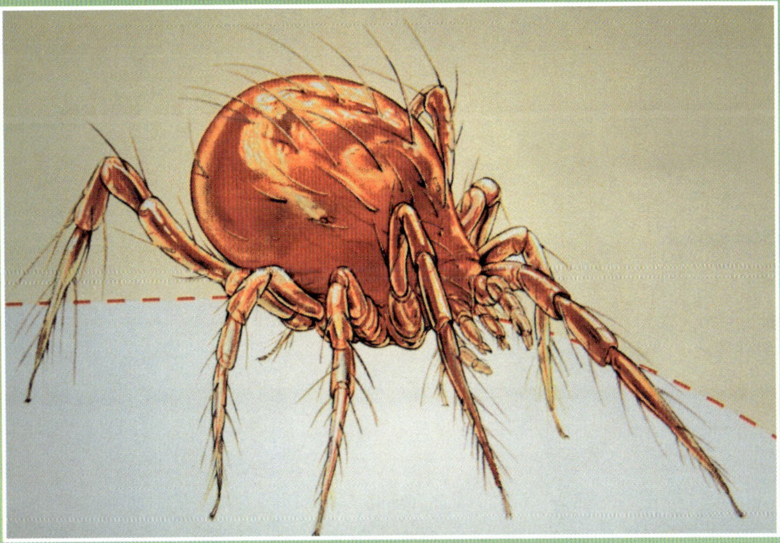

智利小植绥螨成虫(仿荷兰)

小花蝽若虫(背面)

小花蝽成虫

小花蝽若虫(侧面)

草蛉成虫

草蛉成虫取食人工饲料

农作物害虫生物防治丛书④

保护地害虫天敌的生产与应用

组　编
农业部农作物病虫草害生物防治
资源研究与利用重点实验室
中国农业科学院生物防治研究所

主　编
谢　明

副主编
周伟儒　万方浩　郭建英

编著者
程洪坤　邱卫亮　何伟志
孙　毅

金盾出版社

内 容 提 要

本书介绍了丽蚜小蜂、食蚜瘿蚊、智利小植绥螨、小花蝽、中华草蛉和七星瓢虫等6种天敌的研究与利用现状、形态特征、生物学特性、发生规律、饲养和大量繁殖技术、应用方法和实例、与化学农药的协调应用技术以及生物防治效果。生物防治是可持续农业发展的重要措施,经济效益和生态效益显著,具有广阔的发展前景。本书介绍的内容科学实用,可操作性强,适合农村植保技术员、农业院校师生和广大农民阅读。

图书在版编目(CIP)数据

保护地害虫天敌的生产与利用/农业部农作物病虫草害生物防治资源研究与利用重点实验室,中国农业科学院生物防治研究所组编.—北京:金盾出版社,2000.3
(农作物害虫生物防治丛书)
ISBN 978-7-5082-0911-1

Ⅰ.保… Ⅱ.①农…②中… Ⅲ.植物保护-生物防治,害虫天敌 Ⅳ.S476.2

中国版本图书馆CIP数据核字(1999)第01609号

金盾出版社出版、总发行
北京太平路5号(地铁万寿路站往南)
邮政编码:100036 电话:68214039 83219215
传真:68276683 网址:www.jdcbs.cn
彩色印刷:北京天宇星印刷厂
黑白印刷:北京天宇星印刷厂
装订:北京天宇星印刷厂
各地新华书店经销
开本:787×1092 1/32 印张:5.625 彩页:12 字数:114千字
2008年12月第1版第5次印刷
印数:28001—36000册 定价:9.50元

“农作物害虫生物防治丛书”编辑委员会

前　　言

近年来，我国对植物保护的研究与技术推广在发展农业生产中起了巨大的作用。使用化学农药防治是植物保护中常用的方法，但化学农药的大量使用也带来了一些严重问题，如害虫抗药性增强，病虫害暴发的频率增加，次要害虫上升为主要害虫，农药在农产品中残留及对生态环境的污染与破坏等，这就促使我们进一步研究开发安全、高效、经济的植物保护新药剂、新技术。

农作物害虫的天敌及有益昆虫的利用是新发展起来的重要植物保护手段之一。通过保护害虫的天敌或人工繁殖害虫的天敌进行田间释放，可起到直接降低害虫种群数量的作用，能替代化学农药或减少其使用次数与用量。通过保护、释放益虫防治农作物害虫，既可保障粮食作物的安全生长，又能减少环境污染，提高农产品的质量，同时减轻劳动强度。这些技术与方法已成为无公害食品、绿色食品、农产精品生产的主要手段。

目前，国家正在大力向农民传授害虫综合治理技术，即通过建立田间学校，让农民掌握病虫害的防治技术，由农民自行制订对有害生物的治理计划。同时，我国也正在实行“绿色证书”制度，给掌握了害虫综合治理技术的农民颁发“技术资格证书”。

尽管以往出版过多种防治农作物病虫害的书籍，但内容大多以介绍病虫的生物学特性及化学防治技术为主，缺少系统介绍农作物害虫生物防治与益虫利用方面的丛书。农民迫切需要易懂、易学、根据图谱辨认害虫与益虫且实用性强的科普书籍。基于上述理由，农业部农作物病虫草害生物防治资源研究与利用重点实验室与中国农业科学院生物防治研究所组织编写了这套“农作物害虫生物防治丛书”，包括《粮棉作物害虫生物防治》、《蔬菜害虫生物防治》、《果树害虫生物防治》、《保护地害虫天敌的生产与应用》、《赤眼蜂繁殖及田间应用技术》，以帮助广大农民掌握这方面的科学知识和技术。

《保护地害虫天敌的生产与应用》一书是作者多年从事害虫生物防治技术研究的体会及国内外同行研究成果的综合。这项技术已在多种蔬菜生产中推广应用，取得了良好的经济效益。

编著者

2000 年 1 月

目　录

第一章　丽蚜小蜂的扩繁及应用

第一节　概　述

一、研究与利用现状

丽蚜小蜂（*Encarsia formosa*）属膜翅目蚜小蜂科（Aphelinidae），主要分布在热带和亚热带地区，是温室白粉虱（*Trialeurodes vaporariorum*）的专性寄生天敌。

20 世纪 20 年代，英国率先研究丽蚜小蜂，并在应用丽蚜小蜂防治温室白粉虱的尝试中取得显著效果。由此，人们开始认识到丽蚜小蜂在害虫防治上的价值。30 年代，加拿大、澳大利亚、新西兰等国先后引进了丽蚜小蜂，开始探讨丽蚜小蜂在各引入地区的应用效果，成为当时害虫防治研究的一个热点。但 60 年代广谱有机化学农药如六六六、DDT 的广泛使用，尤其是化学农药的快速性和直观性，使得丽蚜小蜂的研究与应用被忽视。70 年代后期，欧洲的温室红蜘蛛对化学农药产生了强大抗性，种群暴发成灾，化学防治失效，但在应用生物防治，引入智利小植绥螨（*Phytoseiulus persimilis*）之后，红蜘蛛却得到了成功控制。这一实例，使人们再度重视丽蚜小蜂的研究与应用。1976 年英国的英格兰和威尔士地区，应用丽蚜小蜂防治温室白粉虱，面积达到 130 余公顷，约占番茄、黄瓜温室总面积的 70%。有些国家在应用丽蚜小蜂的同时，还尝试了与一些低毒化学农药配合使用，也获得了显著效果。目前，全世界已有 20 多个国家在这方面开展了研究和应用，英、美、荷兰等国已实现了丽蚜小蜂商品化大量生产，可周年为农户提供产品。

我国对丽蚜小蜂的研究起步较晚，中国农科院生物防治研究所于 1978 年从英国引进丽蚜小蜂，在温室扩繁获得成功，对丽蚜小蜂的生物学、生态学及温室应用技术进行了系统研究，明确了其在中国温室应用的价值，在北京、河北、黑龙江等省市进行了应用示范和推广，累计达 300 余公顷，取得了显著成效。

二、形态特征

丽蚜小蜂发育可分为卵、幼虫、蛹和成虫 4 个阶段。从卵至成虫羽化均在寄主体内。根据各期生长特点划分，卵从胚胎发育开始到幼虫开始取食寄主体液之前称为胚胎期；开始取食到停止取食称为幼虫期；从停止取食到翅芽、足芽及外生殖器芽等自体内向体外翻出之前称为预蛹期；自翅芽与足芽等翻出完毕到翅完全展开前称为蛹期；自翅完全展开及破黑蛹（被丽蚜小蜂寄生体色变黑的白粉虱）而出称为成虫期。

卵：卵呈乳白色半透明，初产卵为长卵圆形，一端较圆，一端稍尖。卵长 0.136 毫米，最宽 0.04 毫米，最窄 0.026毫米。随着胚胎的发育，卵的形状逐渐变为卵圆形，孵化前一天的卵长 0.102 毫米，最宽 0.044 毫米，最窄 0.032 毫米。

幼虫：自初孵到老熟幼虫，虫体均为乳白色半透明，没有附肢，身体分节明显，体节 12 节。初孵幼虫虫体前端较膨胀，后端较尖细，体长 0.32 毫米，体最宽 0.08 毫米。随着幼虫的生长和发育，其虫体逐渐膨大延长，并明显地弯曲成“C”字形。老熟幼虫虫体粗壮，长 1.06 毫米，最宽 0.26 毫米，占寄主体腔的 2/3。

预蛹：幼虫停止取食后即进入预蛹期。预蛹的虫体前端较后端宽，形成头胸宽而尾尖的蜂蛹体型，且头部与胸部分界明显。预蛹体不弯曲,体长 0.66 毫米,胸宽 0.28 毫米。

蛹:当翅芽、足芽及外生殖器芽等翻出体外以后,丽蚜小蜂即发育为蛹。初形成的蛹,头部及胸部为淡灰色,复眼为淡灰黄色,触角及胸足均粘附于蛹体腹面。随着蛹体的发育其头部与胸部的颜色逐渐加深,成虫羽化前一天的蛹,其头部棕色,复眼和三个单眼为棕红色,胸部黑色,雌性腹部为黄色、雄性为棕黑色。蛹体长 0.64 毫米,宽 0.25 毫米。

成虫:

雌性:体长 0.5～0.65 毫米。头部、胸部及腹柄节背板暗褐色,偶有中胸盾中叶部具黑色三角斑。腹部浅黄色。触角黄色至微暗色。翅透明。足黄色,前后足基节基部暗色。产卵器浅黄色。复眼具细毛。上颚 3 齿,下颚须和下唇须各 1 节。触角细长,具细微的纤毛,8 节。柄节细长,长为宽的 5.78 倍;梗节长为宽的 1.90 倍,长于第一索节(1.27 倍),约与第二节等长;各索节长度为 15∶19∶21∶23∶5;棒节短于索节,第一棒节约与第四索节等长,长为宽的 2.24 倍,第二棒节与第一棒节等长。除第一索节外,其余的鞭节分别具 2～3 个条形感觉器。头顶具刻纹。胸部背板网状纹。中胸盾中叶具近 20 根毛。每盾侧叶 2 根毛,每三角片 1 根毛。小盾片 2 对毛,板形感觉器位于前一对毛之间。后胸背板和并胸腹节窄。中胸后悬骨为小盾片长的 1.16 倍,末端钝圆。前翅长为宽的 2.40 倍。缘毛为翅宽度的 0.28 倍。亚缘脉短于缘脉,具 2 根毛,缘脉前缘具 6 根毛。痣脉稍长,略弯曲。翅除基部外,密布纤毛。前缘室具 1 列约为 11 根细毛,亚缘脉端部下方具 2～3 根毛。中足跗节 4 节,第四跗节与第五跗节融合,胫节端距明显短于基跗节。腹末端稍突。产卵器基部自第四腹节伸出,略突出腹末端,产卵器为中足胫节长的 0.90 倍,第三产卵瓣为中足基跗节长的 0.84 倍(图 1)。

雄性:雄性体长 0.5～0.6 毫米。头部黄褐色。颊及触角下的颜面暗褐色至黑色。胸部黑色,仅中胸盾纵沟及翅基片黄褐色或浅黄色。腹部黑色,节间沟缝略显黑色。触角及足的颜色与雌性一致。触角梗节略大于宽,比第一索节短得多;第 1 索节长为宽的 2 倍多,与第 2 索节近等长且较粗,第 2～4 索节以及第 1 棒节近等长等宽,末节棒节略短。各鞭节分别具明显的条形感觉器。身体的其余结构及刻纹与雌性相似。

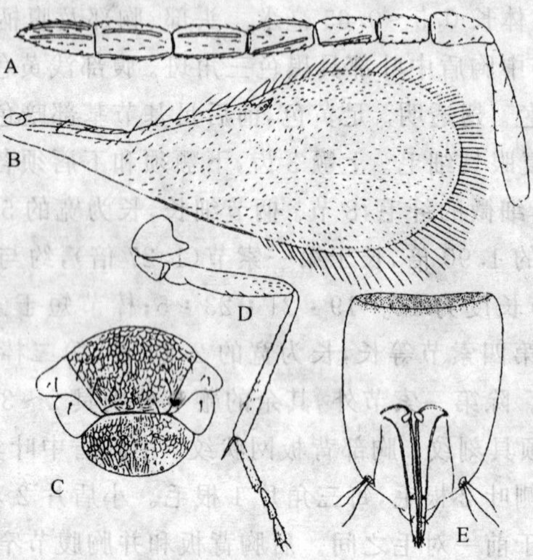

图 1　丽蚜小蜂(♀)成虫特征图　(仿黄建图)

A. 触角　B. 前翅　C. 中胸背板　D. 中足　E. 腹部

三、生物学特性

(一)各阶段发育历期

在恒温 23.2℃条件下,丽蚜小蜂从产卵到寄主体壳变黑前的发育历期为 8.6 天,此阶段寄主体内的丽蚜小蜂为卵和幼虫(幼虫 I)发育阶段,其发育历期分别为 3.3 天和 5.3 天。

由寄主变黑到成虫破黑蛹壳(即黑蛹)而出的发育历期为10.1天,此阶段寄主体内的丽蚜小蜂为幼虫、预蛹、蛹和成虫发育阶段,其发育历期分别为1.3天、1.4天、5.8天和1.6天。从丽蚜小蜂产卵到成虫破黑蛹壳的整个过程为18.7天,从卵到成虫羽化的发育历期为17.1天,丽蚜小蜂成虫在黑蛹内羽化,停留1.6天后破壳而出。

(二)成虫习性

寿命及生殖:26.7℃条件下,小蜂寿命(自成虫破黑蛹壳而出到死亡)最长39天,最短只有19天,平均23.5±1.3天。丽蚜小蜂营孤雌生殖,一般产雌性后代,有时有少量雄蜂,未见交尾现象。

活动与取食:小蜂成虫活泼,扩散半径在百米以上,吸引小蜂搜索寄生的物质主要是粉虱分泌的蜜露。成蜂取食蜜露后可成活28天,如无补充营养则只能成活1周,通常在温室中可成活10~15天。成蜂为了获取营养以利卵的发育,可直接刺吸粉虱若虫的体液。粉虱被刺死后呈褐色。小蜂密度较高时,粉虱常常被刺死。

产卵:雌蜂以触角探查粉虱若虫,然后将产卵器刺入,探视粉虱体内是否已被产过小蜂卵,在通常情况下,少见多寄生现象,偶见一头粉虱若虫中有9头蜂羽化。成蜂产卵后在粉虱体壳上留下一个孔洞,由此可分泌出一种黄色的物质,几个小时后变硬变黑色或深棕色,呈球状。小蜂可寄生2龄以上的粉虱若虫,但喜好选择3龄和4龄若虫及蛹的前期。所以,在植株上有粉虱各个虫态时,小蜂一般选择3~4龄虫期寄生,寄生后的若虫仍可发育,到4龄中期才停止。在适宜虫龄寄生的小蜂,其发育历期短,羽化率高。一生产卵量最高可达196粒,最低只有89粒,平均128.9±6.9粒;日产卵量最高7粒,最低4.4粒，平均5.5±0.2粒。国外报道，小蜂每雌可产卵50～350粒，平均100余粒。植株叶片表面的形态（如绒毛等影响其对寄主的搜索）、叶片上的蜜露（污染身体），均对小蜂搜寻和产卵有明显的影响。

（三）幼虫习性

小蜂幼虫在粉虱若虫体内取食粉虱体液，以此完成幼虫及蛹发育。寄生约8天后粉虱若虫（或蛹）的体色变黑，俗称黑蛹，小蜂幼虫继续发育10天，小蜂成虫即可从粉虱蛹体背面咬孔钻出。

（四）气候环境对发育的影响

温度：小蜂及其寄主的发育受温度的影响较大，在防治应用中须特别注意。在低温（18.3℃）条件下，两者的发育历期相当，但粉虱的繁殖率比寄生蜂大9倍；在高温（27℃）条件下，两者繁殖率相当，但小蜂的发育速率比粉虱大1倍，即寄生蜂的发育历期为粉虱的1半。此外，高温对粉虱的成活有一定的影响，在27℃时死亡率为32.4%，24℃时为16.6%，18℃时为6.6%（表1）。丽蚜小蜂产卵的温度下限为12～15℃，温室白粉虱为6～12℃（Burnett，1948）。

表1 不同温度条件下丽蚜小蜂和温室白粉虱生长发育及死亡率的比较（Burnett）

项　目	18℃		24℃		27℃	
	小蜂	粉虱	小蜂	粉虱	小蜂	粉虱
成虫寿命（天）	27.0	42.5	15.7	17.2	8.2	8.3
总产卵量（粒）	28.2	319.6	123.9	123.9	30.5	29.5
日产卵量（粒）	1.7	8.2	7.5	7.5	5.3	5.1
未受精卵（%）	5.7	5.7	8.6	8.6	—	18.2
发育天数（天）	31.1	31.5	24.7	24.7	11.9	22.8
适合寄生的粉虱若虫龄（天）	—	16.0	—	13.0	—	11.0
死亡率（%）	—	6.6	—	16.6	—	32.4

湿度：在温室，相对湿度为25%～90%时，对丽蚜小蜂的成活率均无大影响，但室内玻璃或塑料膜上的水滴对成虫的活动有很大的影响，可以淹死成虫。

光照：光照度和光周期对蜂产卵有着很大的影响。光照时数为16小时/日，光照度低于3 150勒时，小蜂成虫不产卵；光照度为4 200，5 250，6 300，7 300勒时，产卵成虫分别占总数的16.7%、34.3%、53.8%和100%。光照度低于4 200勒时，成虫死亡率可超过83%；在5 200勒下，成虫死亡率为37%，在7 300勒下，成虫死亡率为16%。光照度适宜时，成虫产卵的适宜光周期为16小时/日(Scopes，1976)。

(五)农药对存活的影响

小蜂在粉虱体内发育的阶段，受农药的影响较小。应用选择性农药如灭螨锰等对小蜂成虫比较安全，抗蚜威对小蜂蛹无害，但对成虫稍有毒害；灭虫菊(Resmethrin)和除虫菊酯的混合剂型，残效期短，超低量喷雾对小蜂蛹无害，但对成虫有害。二嗪农的叶面使用对小蜂有害，但改为土壤洒布，则对小蜂较安全。烟碱喷洒使用对小蜂蛹安全，但对成虫毒性很大。

四、温室种群数量动态特点

在温度25℃的试验温室，为粉虱提供充足的食物，观察丽蚜小蜂与寄主(温室白粉虱)之间相互作用的种群数量动态(Burnett)，其特点：粉虱和寄生蜂种群数量消长的幅度逐渐增大，振幅有明显的反复现象。种群数量变动的原因，是由于寄生蜂密度高时，被寄生的幼龄粉虱若虫大量死亡，随之引起寄生蜂种群数量的显著减少。如果在初次释放寄生蜂时，粉虱密度和寄生蜂密度都很高，或它们的年龄组配较单一，种群消长的振幅就很大。

因此，利用丽蚜小蜂防治温室中的粉虱，要求在粉虱发生初期开始释放天敌，使寄生蜂和害虫在种群数量之间一直能以低密度的水平保持平衡状态，且将粉虱的数量控制在经济危害水平（番茄植株上部叶片平均每叶有粉虱成虫约10头，黄瓜植株为50～60头）以下。也可采取多次释放天敌，以压制粉虱虫口过多增长，使种群数量消长的振幅尽可能减小。在大型番茄生产温室中试验（荷兰），面积6 500平方米，约1.8万株。结果表明，在多次放蜂的情况下，粉虱和寄生蜂种群数量消长的振幅也有反复现象。为了使粉虱和寄生蜂的种群在数量上的消长较为稳定，需考虑放蜂布点均匀一些，并且采用多次放蜂方式。这样，即使粉虱种群密度较低，丽蚜小蜂的寄生率仍然可以很高。

第二节 丽蚜小蜂扩繁技术

一、饲养繁殖方法

根据各地设施条件及生产规模的不同，小蜂的生产有下列若干类型。

（一）罩笼繁蜂法

1. 培育清洁苗　在75厘米×75厘米×90厘米的方形罩笼（木框，50目尼龙纱）内盆栽培育清洁番茄苗。

2. 接粉虱虫卵　当盆栽番茄苗长至25～30厘米高时，移入另一罩笼内，然后接入适量的白粉虱成虫，接虫时间可随接入虫数的增加而缩短。以每平方厘米叶面积上有30～40粒卵为宜。得到合适的卵量后，可将粉虱成虫用敌敌畏熏死。

熏蒸方法：将盆栽植株搬出，集中在一个较背阴的地方，每盆插一根长约20厘米上端带钩的铁丝，在钩上挂一条长约9～10厘米、宽1.5厘米的滤纸条，每条纸条上用橡皮头滴管滴上敌敌畏原液2～3滴（约0.1～0.2毫升），严防药液接触叶片而造成药害。这时用铁丝架支撑起来，盖严塑料薄膜，从傍晚6点到次日早晨，即可杀死全部粉虱成虫，而卵仍能正常孵化。切勿在炎热的中午和太阳暴晒的条件下熏蒸，以防植株受害。

3. 培育粉虱若虫　将只带有白粉虱卵的植株移入另一罩笼内培育，加强水肥管理，约15天，当粉虱若虫发育到2～3龄时即可接入丽蚜小蜂。

4. 接蜂　接蜂量可根据实际的若虫数量而定，一般接蜂比例为1∶20～30，即20～30头白粉虱若虫接1头丽蚜小蜂，如果每平方厘米叶面积上若虫密度为20～30头时，则最少要有1头成蜂。接入的方法是，将带有小蜂黑蛹的叶片装进尼龙网袋，挂在罩笼内，成虫羽化后即可寻找寄主寄生。但要求小蜂羽化期要与白粉虱若虫2～3龄期相吻合，否则寄生率会大为下降。笼内适当光照，可提高寄生率。

5. 收获　接蜂后8～9天，被寄生的粉虱若虫即变黑蛹，待未被寄生的白粉虱羽化为成虫后，再采下带有黑蛹的叶片，这样，可避免把粉虱成虫带进作物生产温室。但采摘时间不宜过迟，因为在27℃的恒温条件下黑蛹从变黑到羽化出成蜂仅需6～7天，通常在变温的温室内为8～9天，所以一定要在成蜂尚未羽化之前5～6天采摘、冷藏。

(二)单室繁蜂法

将育好的番茄苗(或烟苗)定植在温室内的地里或花盆内，当番茄苗长至25～30厘米高时，接入适量的白粉虱成虫，约两个星期后，当大部分粉虱若虫发育到2～3龄时，在尼龙网袋内装入一定量带有黑蛹的叶片，挂在竹竿上，黑蛹量约为接入粉虱成虫的两倍。也可释放成蜂，至少平均每平方厘米叶面有蜂1头，这样随着植株的生长，粉虱和寄生蜂也随之层层

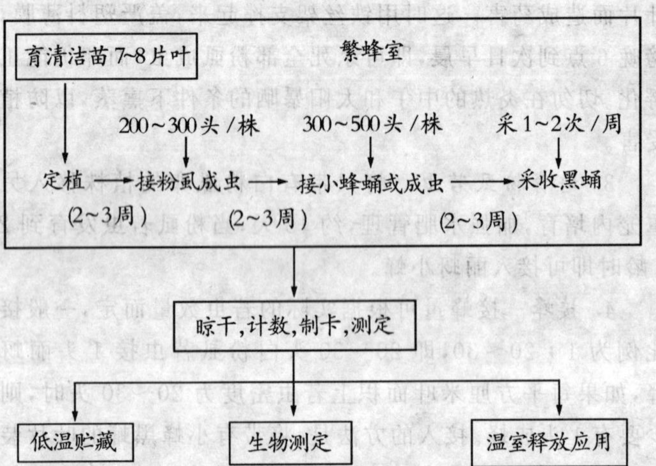

图2 单室繁蜂法流程图

上升，可以分期分批采收带有黑蛹的叶片，采摘后可放在10～12℃的低温下贮存备用或直接用于田间防治（图2）。

为了保持温室内有足够的寄生蜂，采摘时要保留少部分带有黑蛹的叶片，不要摘得过分干净，留的部分可羽化出蜂；如果蜂量仍然不足，应及时补充小蜂。另外，温室内温度应保持在20～30℃之间。这种繁蜂方法一般每3～4个月，需要重新种植1次寄主植物。

单室繁蜂需要及时发现问题，适时采取措施，才能维持白粉虱与寄生蜂之间的平衡。如果粉虱量太大，则可用人工捕捉或黄板诱杀等方法减少其种群数量。如果粉虱量不足，则应随时补充寄主。

（三）四室繁蜂法

此方法生产需要4间温室，即清洁苗生产室、粉虱饲养及接种室、粉虱若虫培育室、接蜂室，均需设在温室内，要求白天温度为 21～35℃，夜间温度 15～28℃，相对湿度 40%～50%，光照自然。

1. 清洁苗生产室　此间温室保持无病虫污染，专门用于培育清洁的寄主植物（番茄、黄瓜、矮生四季豆等）。当苗长至约 10 厘米高时，移植到直径 25～30 厘米的花盆内，加强水肥管理，培育壮苗。每隔 20 天左右育一批苗，供不断繁蜂之用。

2. 粉虱饲养及接种室　此间温室种植寄主植物，饲养大量粉虱，作为接虫的来源。当植株因严重受害或衰老而营养条件不好时，应随时更换或补充寄主植物。如果粉虱成虫数量不足，可随时引进粉虱成虫，使室内保持足够的粉虱数量。

接种粉虱：将培育出的清洁而健壮的番茄苗（高约 30 厘米）移入粉虱饲养室，此时将会有大量粉虱飞上产卵，在接虫过程中要轻轻摇动植株数次，以保证粉虱能较均匀地在叶片上产卵。接虫时间一般夏季 10～12 个小时，粉虱卵就足够了，而在冬季特别是阴天，要延长到 24～28 个小时。为了避免以后粉虱若虫过多，分泌大量蜜露，影响小蜂活动产卵，应适当控制粉虱卵量，一般以每平方厘米的叶面上不超过 40 粒卵为宜。然后轻轻摇动植株，赶走大多数粉虱成虫，将盆栽植株搬出，并用敌敌畏熏蒸杀死滞留在植株上的粉虱成虫。

3. 粉虱若虫培育室　将熏蒸后只带有粉虱卵的植株移入粉虱若虫培育室进行培育。摘去生长点，使叶面积扩大，注意水肥管理，约两个星期以后，当若虫发育到 2～3 龄时，即可接蜂。

4. 接蜂与培养室　将带有合适龄期粉虱若虫的植株移入接蜂室，把当天羽化的丽蚜小蜂成虫轻轻抖在植株上，为了保证得到较高的寄生率，每平方厘米的叶面上应不少于 1 头成蜂。放蜂后 8～9 天，黑蛹普遍出现，即可采摘发育进度整齐的黑蛹，贮藏备用或直接用于田间防治害虫。

（四）五室繁蜂法

丽蚜小蜂五室繁蜂法生产流程见图 3。

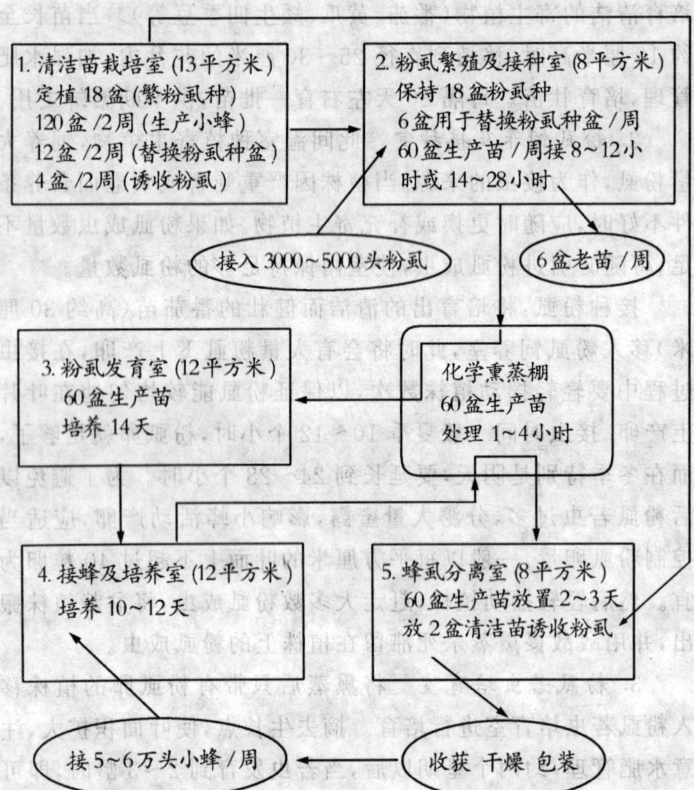

图 3 丽蚜小蜂五室繁蜂法生产流程

采用此法生产可在一面坡温室中进行，占地 50 余平方米，分成 5 间隔离室，分别为清洁苗培育室 13 平方米，粉虱繁殖和接种室 8 平方米，粉虱若虫发育室 12 平方米，接蜂及培养室 12 平方米，蜂虱分离室 8 平方米。温室温度为日平均 21～27℃，相对湿度 60%～85%。

1. 清洁苗的培育　在清洁苗室，将番茄种子放入 50℃温水中浸泡 10 分钟后，播在育苗盘中。每两周播一批，每批播种 250 粒，两片真叶时分苗 1 次。苗高 10～15 厘米，5 片真叶时，按两周用苗的需要量，选出 136 株壮苗，定植在直径 20～25 厘米的花盆内，每盆 1 株。加强肥水管理，植株约经 3 周，长至 7～8 片真叶时，即可接粉虱。

2. 繁殖和接种粉虱　在粉虱繁殖和接种室大量繁殖粉虱，为大量繁殖丽蚜小蜂准备寄主，在开始繁蜂前 3 周着手准备一些粉虱成虫作为种虫。将 7～8 片真叶的清洁番茄苗 18 株搬入繁殖室，接上粉虱成虫 3 000～5 000 头，当下代粉虱成虫大量羽化时，搬进 66 盆清洁番茄苗，进行接种。夏季一般接种 8～12 个小时，阴天及冬季接种 24～28 个小时。接种期间，要常摇动已有大量粉虱的 18 棵番茄植株，使粉虱成虫飞到清洁苗上产卵，同时也要轻轻摇动新苗 4～5 次，使粉虱均匀地在叶片上产卵，一般在叶背面每平方厘米有卵 35 粒以上时，即可结束接种。摇动植株，赶走大量粉虱成虫后，将其中 60 盆搬出室外进行敌敌畏处理：将已产有粉虱卵的番茄植株盖上塑料罩，用敌敌畏药条（每隔 1 株挂 1 条）熏蒸 4 小时，杀死滞留在植株上的粉虱成虫。另外留下的 6 盆番茄苗，用于更换繁殖粉虱成虫的老植株，每周换 6 盆，3 周换完全部老植株。将老植株拔下来，挂在原室内，待粉虱全部羽化后再清理出室。

3. 粉虱若虫生长发育　将熏蒸处理后的 60 盆盆栽番茄搬入粉虱若虫发育室。剪去植株的生长点，并加强肥水管理，以促进植株叶片的增长，2 周后粉虱若虫发育到 2～3 龄时即可用于接种小蜂。

4. 接种小蜂及培养　将带有 2～3 龄粉虱若虫的番茄苗，从粉虱发育室搬到接种小蜂室，同时引入小蜂黑蛹或成蜂 5 万～6 万头，保证每平方厘米叶片上有 1 头小蜂成虫。经 10～12 天培养，当有小蜂黑蛹零星出现时，即可移出小蜂接种室。并用敌敌畏药条熏蒸 1 小时，以杀死滞留在叶片上的丽蚜小蜂成虫。

5. 分离小蜂和粉虱　将带黑蛹的番茄植株搬入蜂虱分离室，停留 2～3 天，使未被寄生的粉虱大量羽化，然后把番茄苗(60 盆)搬出分离室，用敌敌畏熏蒸 4 小时，杀死滞留在植株上的粉虱成虫。然后采收黑蛹叶片，并在室内晾 1～2 天，即可包装贮藏或田间应用。在未被寄生的粉虱大量羽化的同时，在分离室放入 2 盆清洁苗，以接收滞留在分离室的粉虱成虫，每周换 1 次。如小蜂寄生率达 90%以上时，则不需分离，可在运入分离室后直接采收、包装和贮存。一般情况下，每批可收有小蜂黑蛹 35 万头以上，以每公顷放蜂 15 万头计算，可供 2.33 公顷温室或大棚应用 1 次。

(五)各种繁蜂法的特点比较

利用罩笼繁蜂，虽不需占用较大面积的温室，但光照度受到影响，苗子容易徒长，丽蚜小蜂的寄生率也会受到一定影响。采用 1 间温室繁蜂的方法，占用温室面积小，投资少，设备简单，操作要求也不严格。但不易得到发育整齐的黑蛹，更换寄主植物时也有困难。如果此方法在两间温室间交替进行，这一问题则可得到一定程度的解决。

在有条件的情况下，采用 4 间隔离温室繁蜂有一定的优越性，可有计划地得到发育进度整齐的黑蛹，而且繁蜂量大，可供几公顷温室防治用。但我国多数农户应用此法尚有一定困难。

五室繁蜂法的特点是：①繁蜂量多。在同样条件下，单室法用 38 平方米，五室法用 35 平方米繁蜂，从 3 月 20 日至 6 月 29 日(13 周)，单室可繁蜂 190 余万头，平均每周繁蜂约 15 万头；五室法可繁蜂 210 万头，平均每周繁蜂约 16 万头。单室全年可繁蜂两茬，年繁蜂量为 590 余万头，五室法可繁蜂 840 余万头，五室比单室繁蜂量增加约 40%。②小蜂发育整齐，出蜂时间集中。小蜂发育的整齐度可从羽化期长短反映出来，它直接影响小蜂的商品生产、贮存和运输。五室法繁蜂比单室法繁的小蜂发育整齐，出蜂时间集中，开始羽化的头两天羽化率可接近 50%，第四天全部结束；而单室繁蜂从开始到羽化基本结束历时 9 天。这主要由于单室繁蜂寄主龄期不整齐，被寄生的时间先后不一致，因此在较长时间的贮存和运输中有的小蜂很快羽化为成蜂而早期死亡。五室繁蜂集中在 8～12 小时或 24～28 个小时内接粉虱，粉虱若虫龄期整齐，因此小蜂羽化相对集中。③蜂种质量规格化。单室繁蜂一般采叶后不经加工直接应用，小蜂数量有多有少，发育有早有晚，产品没有一定规格指标要求。五室繁蜂各生产环节、工艺流程指标明确，产品有一定的包装要求，无霉变、无空壳，每张蛹卡(见二、蛹卡的制作、保存和运输)黑蛹数量一定，小蜂发育一致，有利于掌握田间释放时机。④便于计划生产。五室繁蜂由于规格化批量生产，生产间隔时间短，便于依照市场需要进行计划性生产。

影响繁蜂效果的因素：①白粉虱若虫密度对丽蚜小蜂寄生率的影响。在繁蜂中，如粉虱密度过大，分泌蜜露多，则会造成植株叶片煤污病严重，光合作用降低，过早衰老。因而，适宜的粉虱密度是提高丽蚜小蜂寄生率的基础。②不同寄主植物的繁蜂效果。在番茄、芸豆、茄子、串红和黄瓜5种植物上进行的繁蜂试验表明，繁蜂最好的寄主植物是番茄。番茄叶片较其他4种植物不易衰老，而且在大量采摘中下部黑蛹叶片后，对其生长影响不大。③番茄栽培密度与繁蜂的关系。在边行番茄植株上，单叶片上可有黑蛹500粒，而较郁闭的植株内部单叶片上仅有30粒。株行距0.6米×0.6米，黑蛹量、寄生率也较高。

二、蛹卡的制作、保存和运输

小蜂商品包装销售的形式一般为卡片式、纸本式和纸袋式。

（一）卡片式蛹卡的制作

用搪瓷盘一个，上面放一块木板或平面玻璃，将采来的新鲜带黑蛹的叶片，叶背向上平铺在板上，然后用毛刷把黑蛹刷下来，刷下的黑蛹羽化率约为70%～80%，比自然对照的(84%)稍低。

在卡片纸上，在准备粘蛹的位置(约五分硬币大小)，涂上一层加水一倍稀释的普通胶水，然后均匀撒上刷下的黑蛹，抖去多余黑蛹即成卡片蛹卡，稍晾干后即可贮存或包装邮寄。一般每卡1000头黑蛹，可供30～50平方米温室释放。

（二）本卡和袋卡的制作

将黑蛹叶片采下来，在室内展平、晾干，按一定数量将叶片直接粘贴在纸本内的纸页上即成本卡；若将上述黑蛹叶片，直接放在带有小孔的纸袋内，则成袋卡。纸本卡和袋卡一般装黑蛹叶片4～6片，含黑蛹2000头。可供80～100平方米的温室释放。释放时，将上述蛹卡挂在温室作物的植株上，小蜂羽化后，即飞出去寻找粉虱产卵寄生。

三、产品的贮藏

暂时不用的蛹卡，可在低温中贮存，在12±1℃的低温箱内贮存20天，其羽化率为70%～75%，接近自然对照(77%)，经贮存的蛹卡在常温下2～3天即开始羽化。需邮寄时以木盒包装为好，落蛹率平均约为4%。

贮存以黑蛹为宜，将培育好的黑蛹叶片剪下来，置于一般室温的屋内，平铺在纸上，使叶片稍干后，随即放入木盒(35厘米×28厘米×5厘米)，置于低温(10～12℃)贮存。通常，在10℃时可贮存41～50天，其羽化率为30%；在12～13℃时，贮存36～43天后，羽化率为50%～60%；在13℃条件下，贮存20天，再置于22℃中，羽化率为68%。贮存时应注意每放一层叶片夹一层吸水纸，贮存初期要勤检查，勤换纸，以免叶片湿度过大而霉烂。另外，在需要放蜂前，必须提前2天，将黑蛹取出，在恒温室中加温，检查其羽化率。

第三节　田间应用及防治效果

一、田间释放方法

(一)国外的应用方法

国外最初报道应用"害虫预先引入法"，即在放蜂前使植株上有少量人工释放到温室中去的粉虱，这种方法要人为地把害虫引入温室，所以农民不易接受。其后，有人提出"多次少量放蜂法"，即当温室内有少量粉虱发生时，将蜂多次引入，或不管有无粉虱发生，在定植之后，就将蜂多次引入。再后来，英国又提出"引入虫源植物法"，即植物上既有被丽蚜小蜂寄生的粉虱(黑蛹)，又有少量未被寄生的白粉虱蛹，将这种盆栽虫源植物，按一定比例移入温室。这样，即可从一开始就使寄生蜂和粉虱之间在数量上保持一定的平衡关系。从小蜂成虫的成活和产卵上看，采用“害虫预先引入”和“引入虫源植物”的方法，有着明显的优势，可保证提供成蜂的寄主，但如放蜂迟了，就会导致防治失败，作物受害。

目前，在欧洲采用较为普遍的是多次引入的方法，如从发现番茄上有粉虱，至上部叶片平均有粉虱成虫 0.08 头/叶时，每公顷放蜂 3 万头，每 2 周放 1 次，放 2～3 次，可以有效控制虫害。

采用不同虫龄组配的“黑蛹”，防治效果可能会好一些，这是因为在田间的粉虱，年龄也不会非常一致的。美国(Helgesen R. G.)在一品红上采用多次释放法，效果较好，蜂虫比以 1∶3 为宜。

放蜂应用关键要在粉虱发生初期，虫量极少时释放一定数量的成蜂，使随后粉虱和寄生蜂种群之间一直能保持适当的平衡状态。放蜂时应有适宜虫龄的粉虱若虫，且放蜂点要均匀分布。要保证温室内的一定条件，如温度、湿度、光照、作物品种等，以有利于丽蚜小蜂的活动。如放蜂时粉虱密度很大，寄生蜂难以控制时，可先用农药压低害虫基数，然后再放蜂。

(二)我国的应用方法

放蜂前，首先把白粉虱基数压低到 0.5 头/株以下，温室内温度控制在 20～35℃之间，夜间不低于 15℃，放蜂量一般以每株 5～20 头为宜，放蜂 3～4 次，隔 7～10 天放蜂 1 次。放蜂后，调查白粉虱成虫的消长及黑蛹量、寄生率的变化。

温室应用的关键：①温度：温度是决定防治效果好坏的关键。早春、秋冬温室中常因温度偏低，粉虱量过大而造成防治失败。在粉虱基数和放蜂量相同的情况下，日平均温度 25℃比 19℃寄生率明显提高，因此，可以用提高温度的方法来控制白粉虱数量，使两者种群数量能保持一定的平衡，达到较好的防治结果。②培育清洁苗:培育清洁苗是压低粉虱基数的有效措施。在放蜂量和其他措施基本相同的情况下,粉虱基数0.2头/株比7头/株的寄生率提高57%左右。因此,温室在定植前要清除杂草,尽量定植清洁苗。放蜂前一定要把粉虱基数压低到0.5头/株以下。这是保证防治效果的基础。③综合防治,黄板诱虫:白粉虱成虫对黄色有趋性,在温室中用黄板诱杀白粉虱成虫效果很好,而且对黑蛹和寄生蜂比较安全。

(三)与化学农药的协调应用

在温室中当发生其他病虫害时,需要施用化学农药,但应考虑不要妨碍小蜂的活动。国外提出,选用的农药不仅对丽蚜小蜂无害,同时也对粉虱无害。这样可避免农药干扰天敌与粉虱之间已建立起来的数量平衡关系,如防治蚜虫用的抗蚜威,对天敌、粉虱均无害。

在粉虱密度很高时,采用的农药应对小蜂无害,如灭螨锰,或灭虫菊和除虫菊酯的混合剂,对蜂蛹无害,但对粉虱除蛹态以外的虫态均有效。日本于1976年采用这种混合剂,在每叶有成虫80头的情况下,也能控制粉虱的为害。又如加拿大,利用低浓度的灭螨锰,效果很好,对蜂安全,对粉虱卵杀伤力大。

不同化学农药对丽蚜小蜂黑蛹的影响差异较大,用7种常用农药配成常用浓度,喷洒黑蛹叶片(每平方厘米1头),观察其安全性及羽化率。结果表明,没有一种农药对黑蛹绝对安全,但一般杀菌剂、杀螨剂对黑蛹影响较小,羽化率在44.2%～80.9%,可以考虑使用。速灭杀丁、溴氰菊酯的影响较大,羽化率仅10%～14%。氧化乐果、敌敌畏的影响最大,小蜂完全被杀死。

二、防治应用实例

(一)单项应用

北京地区小型温室试验(任惠芳等,1981),白天室温21～35℃,夜间为15～28℃,相对湿度为40%～50%。第一个试验用番茄苗86株,共放蜂4次,首次放蜂在引入粉虱后20天(5月5日)放蜂,每株放3头,以后隔10天放蜂1次,每株放蜂5头,4次合计每株放蜂18头。第二个实验用番茄苗65株,共放蜂3次,首次放蜂于5月17日进行,每株放蜂5头;以后隔10天放蜂1次,连续2次,分别每株放5头和7.6头,3次合计每株放蜂17.6头。放蜂后11天开始调查,每隔7天取样调查放蜂区和对照区全株番茄上白粉虱成虫、若虫、蛹及黑蛹的数量,直至收获为止(最后一次调查上部4片复叶上的成虫数量)。

结果显示,在番茄粉虱成虫平均每株0.5头、1头的情况下,在整个作物生长过程中,对照区的粉虱成虫和若虫数量不断增长,放蜂区则被控制在一定范围内,作物收获结束时,上述两个试验的对照区若虫数量分别达到每株8044头和3431头,而放蜂区仅为118头和11头,对照区比放蜂区若虫多67倍和311倍。在收获前1周,对照区每株成虫达710头和271头,而放蜂区仅77头和10头。收获时,对照区植株上部4片叶每叶平均有成虫195头和34头,而放蜂区仅13头和1.5头,对照区比放蜂区分别高14倍和21倍。黑蛹数和寄生率也随着时间而不断增加,至收获时放蜂区的寄生率达83.4%和87.9%。试验证明,在我国加热升温的温室条件下,释放丽蚜小蜂,可以有效控制白粉虱为害。

(二)蔬菜塑料大棚

北京海淀上庄乡塑料温室试验(田毓起,1983)。供试温室为生产温室，面积为334平方米，室内用火砖砌成地炉，安装陶土烟筒作火道，以煤火供暖。温室内日平均温度为12.5～26.5℃，昼夜温差大，白天最高温度可达46℃，而夜间最低可降至8.5℃，日平均相对湿度为72%～97%，光照为自然光。

放蜂区番茄苗于2月10日定植，3月3日开始放蜂，当时平均每株番茄有0.57头粉虱成虫，平均每株放3头成蜂。方法是在放蜂的前一天将存在低温箱内的黑蛹取出置于27℃的恒温室内，以促使小蜂快速羽化，第二天计数后，将小蜂轻轻抖到植株上。3月17日和4月14日分别释放两次，每次每株各放6头。3次合计每株放蜂15头。

对照区设置在另一栋生产番茄的温室，为化学防治对照，作物于1月23日定植，3月3日粉虱成虫基数为平均每株28.8头。3月15日开始使用杀虫剂，先后共用药6次，其中用2.5%的溴氰菊酯2 000倍液喷雾4次，80%敌敌畏熏烟和喷雾各1次。

结果表明，放蜂区白粉虱成虫数一直被控制得很低，最高只有11头/株，而对照区最高数达62头/株，相当于放蜂区的5～6倍。至拉秧前夕，放蜂区的粉虱成虫数只有11头/株，对照区为53头/株，化学防治比放蜂区高4～5倍。从单次效果来看，化学防治区比放蜂区的同期效果好，但从持续后的效果来看，放蜂区明显优于化学防治区。试验表明，丽蚜小蜂对白粉虱的寄生能力较强，寄生率始终维持在90%左右。此外，寄生的普遍率也很高，黑蛹株率为100%，说明小蜂搜索寄主的能力很强。小蜂的种群总是随粉虱的种群变动而紧密跟随，当粉虱伪蛹总数增加时，小蜂种群数也随即上升，当它下降时，小蜂种群数也随即下降。

河北邯郸1982～1984年在2公顷多的温室及1 534平方

米的露地上应用小蜂防治白粉虱，也收到好的效果，粉虱的寄生率为70%～90%，优于化学防治。1982年，河北邯郸市郊区农业局在四季青乡繁蜂，1间温室繁殖的黑蛹可供0.59公顷温室防治应用，每667平方米的防治成本为1.57元。使用化学农药速灭杀丁，每千克售价10.25元，使用浓度2 000倍，每667平方米每次用稀释液100升，每公顷每次药费30.75元。整个生长期喷药4～6次，每公顷治虫费用123元～184.5元。生防比化防每公顷可节约成本99.45元～160.95元。此外，化防煤污病严重，对产量有一定影响，经济效益也受到一些损失，而放蜂防治费用低，经济效益高，同时还减少农药对蔬菜的污染。

(三)花卉温室

冬春季节在80平方米的温室内，进行释放丽蚜小蜂防治温室白粉虱的试验(王恩荣等，1984)。当粉虱成虫基数为每叶0.45头时，开始放蜂。分别于11月底、翌年1月中旬和3月初，释放3次丽蚜小蜂，共计放蜂5.2万头，平均每盆花卉放蜂58头。结果，至5月5日，花卉倒挂金钟上每叶有白粉虱成虫0.36头；被小蜂寄生后变黑死亡的白粉虱伪蛹(简称黑蛹)的数量每叶有12头，每盆平均约有黑蛹2 000余头，其中最多者黑蛹量达9 500余头，寄生率在90%以上，株普及率为100%。在半年时间内，没有用过任何化学农药，白粉虱的数量比上年11月花卉移入温室时，减少了20%，主要是丽蚜小蜂持续控制的结果。冬季12月份至翌年2月份温室内的温度偏低(白天15℃，夜间10℃)，在此期间的第一、二次放蜂，寄生率均较低，均在50%以下；在3月中旬第三次释放小蜂(1.8万头)，作用明显，最后调查寄生率达到90%。说明温度对放蜂成败的影响很大。

（四）丽蚜小蜂与黄板诱杀配合应用

1. 大型温室　北京海淀区四季青乡玻璃钢温室试验（朱国仁等，1983）。温室内设暖气加温，面积为 1 000 平方米，1981 年 2 月初在前茬芹菜收获后（室内基本无虫），定植约 4 100株番茄，所带的虫量较低，至 2 月 17 日放蜂时，单株总虫量为7.44头（成虫 0.52 头、卵 1.82 粒、若虫 5.1 头），以清洁温室定植“无虫苗”作为白粉虱综合防治的基础。

（1）措施及方法：按丽蚜小蜂与白粉虱成虫约 2∶1 的比例，每 2 周释放 1 次丽蚜小蜂寄生的黑蛹，共 3 次，分别为 2 000头、4 000 头和 8 000 头，隔行均匀施放在株间。因 4 月底温室管理中打掉番茄基部老叶，消灭了一些白粉虱，也损失了一定数量的小蜂—黑蛹（当即回收了一些），所以在 5 月份又补放 2 次成蜂，共 3 800 头。黄板（橙皮黄色）诱杀法是挂设小黄板（1 米×0.17 米）42 块、大黄板（1 米×0.5 米）4 块，均匀挂在番茄行间，黄板中部高度与番茄顶叶高度平。计数黄板上诱集的成虫数量后再将黄板擦净，两面涂 10 号机油（加少许凡士林）继续使用。温室的栽培管理均按生产要求进行，曾喷洒杀菌剂及叶面追肥各 1 次。

（2）防治结果：从每 4 天白粉虱成虫的实测数量曲线分析，除 4 月 28 日和 5 月 1 日两次调查外，成虫的数量均低于经济界限；而且此时番茄已全部“打顶”，植株对白粉虱为害的耐受能力增强，直至拉秧长势良好，约 1.2%植株因白粉虱发生较多，出现个别煤污叶和煤污果。与 1980 年同茬番茄上白粉虱用 80%敌敌畏烟熏 4 次，每次用药 3 千克（因温室高大增大用量）相比，其经济效果也很明显。2 月中旬至 4 月中旬，由于白粉虱虫口基数较低、温室温度（平均为 15.8℃）不高及释放丽蚜小蜂等综合原因，白粉虱种群数量发展缓慢，成虫数量很低。据4月15日至16日随机取样162株中下部1 052片复叶的调查结果，丽蚜小蜂对白粉虱的寄生株率达92%，对四龄若虫的寄生率为49.2%，说明寄生蜂在温室番茄上已建立了种群，对控制白粉虱的种群数量起了一定的作用。在较低的温度下，白粉虱比寄生蜂种群增长速度快，从4月下旬开始白粉虱成虫数量呈明显的上升趋势。随着成虫数量的增长，黄板诱杀成虫的作用也随着成虫数量增长，黄板诱集量相应增加。当成虫数量达到防治指标时，5月28日至30日曾采取人工辅助诱杀的措施，即手持黄板在行间边走边轻轻抖动植株叶片，以提高诱杀效果。4月18日至6月13日黄板累积诱杀成虫约为3百万头，平均单株733余头，成为中后期控制白粉虱种群数量的主要方法。通气温室平均温度16.8℃，6月10日对四龄若虫的寄生率为52.7%，小蜂起了一定的作用。

2. 农家塑料膜温室

(1)温室条件：北京海淀区四季青乡薄膜单斜面温室，由地炉火道加温，面积为300平方米。1982年1月12日至13日前茬番茄拉秧前后，均未进行药剂处理，因而有白粉虱成虫残留，成为第二茬番茄的虫源。同日定植番茄“无虫苗”1 674株，至3月7日放蜂时，单株白粉虱总虫量为35.1头(成虫0.4头，卵5.6粒，若虫29.1头)。

(2)措施及方法：因单株粉虱虫量较高，所以按4∶1的比例(寄生蜂比白粉虱成虫)，共释放丽蚜小蜂的黑蛹共3次，分别为6 000头、6 100头和6 271头。4月16日在靠最北一行的番茄行间增设黄板(小板)32块，单面涂油，其他方法与措施与上一试验相同。

(3)防治结果：实验期间黄板累计诱杀成虫14万头，平均单株为85头，成为控制白粉虱种群数量的重要方法。在温室管理的后期，采取“高温闷室”的措施以促进果实成熟，4 月 22 日至 5 月 21 日平均温度为 20.8℃，有利于丽蚜小蜂活动和产卵，据拉秧前随机调查 111 株番茄上部 5 502 片单叶，对白粉虱寄生率为 83.7%，煤污叶率(0.7%)和第三穗果的煤污果率(0.13%)均很低，基本控制了白粉虱的为害。

(五)大面积示范应用

中国农业科学院生物防治研究所 1986～1988 年共生产小蜂 2 747 万头，应用面积 18.6 万平方米，其中在黑龙江大庆温室共放蜂示范 16 万平方米，粉虱平均寄生达 95%以上；1987 年在 1.5 万平方米示范田共放蜂 2 次，放蜂前单株粉虱成虫 56.1 头，历时 4 个月，粉虱连续下降，直至番茄拉秧时平均单株有粉虱成虫 0.6 头，减退率为 98.9%；化防区 0.4 万平方米，连续喷农药 5 次，4 个月后粉虱成虫由喷药前的单株平均 6.25 头，上升为 525 头。化防区的粉虱量相当于放蜂区的 875 倍，放蜂效果十分明显。在北京地区蔬菜温室，示范放蜂应用：1987 年，在 0.44 万平方米的番茄田，全季放蜂 1 次，至 12 月份拉秧前平均单株有粉虱成虫6.7头；而喷 14 次化学农药的对照区，至拉秧前平均单株有粉虱成虫 556.7 头，差异显著。1988 年，放蜂 1.54 万平方米番茄田，拉秧前调查，粉虱成虫平均单株为 9.6 头，防效也十分明显。

（本章由谢明、程洪坤编著）

第二章　食蚜瘿蚊的扩繁与应用

第一节　概　述

一、研究与利用现状

食蚜瘿蚊(*Aphidoletes aphidimyza*)隶属于双翅目瘿蚊科，是蚜虫的重要天敌，可以取食60余种蚜虫，其中包括许多重要的农业害虫，在害虫生物防治上具有重要的应用价值和经济意义。食蚜瘿蚊主要分布于北半球，通过各种人为途径，现已传播到世界其他地区，已知分布的国家有英国、捷克斯洛伐克、意大利、德国、法国、丹麦、挪威、荷兰、前南斯拉夫、前苏联、芬兰、波兰、土耳其、以色列、埃及、苏丹、加拿大、美国、巴勒斯坦、日本、中国以及澳大利亚等。我国已知食蚜瘿蚊分布于新疆、陕西、宁夏、黑龙江、河北、河南、山东、山西、湖北以及福建等地。

国外早期零散的研究始见于19世纪末期，系统研究则从20世纪70年代开始。德国、苏联、芬兰等国70年代的调查研究，肯定了食蚜瘿蚊对蚜虫的有效控制作用。之后，丹麦、挪威、荷兰、加拿大以及美国也进行了大量研究，探讨室内人工大量饲养及扩繁技术，并成功地用于温室害虫的生物防治，效果显著。1978年芬兰天敌公司率先实现了食蚜瘿蚊的商品化大量生产，其后，加拿大、荷兰、美国、苏联等国也相继有了商品化生产。1980年全世界在温室中应用食蚜瘿蚊的面积为7公顷，1985年增到80余公顷，推广速度很快。目前，在欧美发达国家，食蚜瘿蚊在温室中的应用已十分普遍，被认为是继丽蚜小蜂、智利小植绥螨在温室中应用成功之后的又一重要成果。

我国对食蚜瘿蚊的研究和应用起步较晚，20 世纪 80 年代之前仅有一些零散的研究，湖北省农科院等单位做过一些田间观察和形态记述。80 年代后，中国农科院从加拿大引进食蚜瘿蚊（1986 年），并对其形态、生物学、生态学、大量饲养技术及田间应用技术等方面进行了大量研究。在对饲养技术进行成功改进的基础上，进行了食蚜瘿蚊的大量生产实践，在北京、大庆等地的温室进行了大面积应用示范，防治蚜虫效果显著。

二、形态特征

成虫：体微小，深褐色，密被长毛，形如蚊子，长 1.2～1.8 毫米，雌大于雄。

头部：头部褐色。复眼黑色，在头顶部接合。触角褐色，基节 2 节，鞭节 12 节。雌雄触角差异很大，雌虫触角约等于体长，念珠状，各个鞭节圆柱形，上着生刚毛，毛短于节的长度。雄虫触角显著比身体长，各鞭节有两个膨大部分，基部的膨大如球形，上面着生一圈环丝和刚毛，其中 2 根刚毛向上方斜伸，长约为本圈环丝的 3 倍以上；端部膨大如圆柱形，有上下两圈环丝和刚毛，上圈环丝有 1 根特别长，超过本圈环丝的 2 倍，其余为下层环丝的 1.5 倍，两膨大部分相连的基梗仅比端梗稍短。

胸部：背面隆起，棕褐色，后胸颜色较淡。翅膜质透明，翅展 4.4～5.2 毫米，翅脉 4 条，第一径脉（R_1）到达前缘脉（C）基部的 1/3 处，径脉总支（Rs）达翅端，肘脉（Cu）端部分开，第二肘脉（Cu_2）达翅后缘。翅面、翅脉、翅后缘密被长毛，肘脉上方有皱褶和 1 条由绒毛组成的毛纹。平衡棒长，褐色或淡褐色。足褐色，细长，为体长的3倍以上。腿节和胫节的背面及其端部的颜色较深，其腹面颜色较淡。跗节5节，第一节最短，第二节最长，具爪及爪垫，爪镰刀形。

腹部：9节，分节明显；雌虫末端具产卵瓣，雄虫生殖突基节宽大，生殖刺突细，上生殖板中央有三角形凹陷，下生殖板心脏形，约与上生殖板等长，两板之间有突出的阳茎，阳茎略长于生殖突基节。

幼虫：体橙黄色至淡红色，体色与取食的蚜虫种类有关。无足，前端稍尖，后端较钝，蛆形。体13节。初孵幼虫长0.3毫米，老熟时长2～3毫米，宽0.6～0.8毫米。幼虫老熟时可见体内白色块状脂肪体，外观似白斑。触角第一节长形，长为宽的4倍，其后节逐渐变细至尖。胸部剑骨分叉，叉口较窄。腹部背面1～7节有6根刚毛着生在乳突上，其前有1～2列8～14个硬化瘤，侧面有刚毛2根；腹部末节有硬化瘤14～15个；体末有两个端突，其上各着生小刺4根，对角线排列；腹部腹面1～7节后部有刚毛4根，着生在乳突上。

蛹：身体初期为淡黄色，复眼和翅芽明显，后期渐变黄褐色。长约1.9～2.2毫米，宽0.5～0.6毫米，茧灰褐色，扁圆形，直径约2毫米，高1.5毫米，茧皮较薄，易破。

卵：长椭球形，长0.3毫米，宽0.1毫米，橘红色，表面光滑。

三、生物学特性

(一)发育历期

各虫态历期随温度的变化而有差异。在室内25～26℃条件下，卵期2～3天，幼虫4～6天(3个龄期)，蛹8～12天，从卵至成虫历期约为17天(表2)。

表 2 不同温度条件下食蚜瘿蚊的发育历期 (1986,北京)

温度(℃)	历期(天)			
	卵(平均值)	幼虫(平均值)	蛹(平均值)	卵~成虫
15	4~6(5.1)	7~10(8.2)	30~35(31.6)	44.9
22	3~4(3.4)	5~8(6.7)	10~14(11.1)	21.2
25~26	2~3(2.3)	4~6(5.2)	8~12(9.2)	16.7

在户外 7~9 月份,幼虫历期为 7~14 天,卵期 2~4 天,茧发育历期 10~20 天,完成 1 代约需 20~40 天。

(二)成虫习性

1. 羽化、寿命及性比　成虫羽化多集中在晚上,以 19~22 时为盛期,占羽化总数的 75.4%。成虫寿命平均为 3.5~6 天,雄虫为 3~5 天,雌虫 4~9 天。一般雄虫比雌虫早羽化1~2 天。喂食 5%的蜂蜜水或自来水,可以不同程度地延长瘿蚊的寿命和产卵期。成虫性比(雄∶雌)为 3∶1。在室内饲养,性比变化很大(1∶0.6~6),世代之间也存在着很大差异,有时只有一种性别(雌虫)的成虫羽化。

2. 交配及产卵　成虫为夜出性,白天隐藏不动,夜间活动。通常在黄昏交配,次日傍晚开始产卵。雌虫须交配才能产出有效卵,未交配的雌虫也可产卵,但后代不能成活。成虫将卵产在蚜虫群落附近,卵散产成群,一般 2~20 粒,最多可达 40 粒,排列不整齐,少有单粒,有时卵也落在蚜虫身上。雌蚊平均产卵 40 余粒,最高可产 90 余粒。气候条件,特别是温度和光照可以影响成虫的生殖力。幼虫期和成虫期的营养对成虫的生殖力也有很大影响,给成虫补充水或蜜水,产卵量可以由 150 余粒增加到 240 余粒。成虫一般在羽化后第三、第四天产卵量达到最大。

成虫对产卵部位有一定选择性，一般只产在蚜虫多的叶片背面或有蚜虫的植物枝条上。在蚕豆上调查，4 盆蚕豆共 27 个枝条，其中 4 个枝条上有蚜虫 100 头以上，其上共着卵 170 粒，平均每枝条着卵 42.5 粒，占总卵量的 43.4%；其中 10 个枝条有蚜虫 50～99 头，其上平均每枝条着卵 18.7 粒，占总卵量的 47.7%；其中 7 个枝条有蚜虫 50 头以上，其上平均每枝条着卵 5.9 粒，占总卵量的 8.8%；无蚜虫的枝条 6 个，其上无着卵。食蚜瘿蚊成虫搜寻蚜虫群落的能力很强。据实验观察，雌虫能够准确地从 75 个植株中找到仅有的 1 个有蚜植株。在蚜虫普遍发生的田间，周边的植株要比位于中央的植株着卵量多，蚜虫的蜜露和蜕皮的气味可能有招引成虫产卵的作用。

（三）幼虫习性

1. 孵化　孵化高峰期一般为清晨至上午 9 时前后，幼虫孵化前将卵壳前端顶破，然后从裂缝中蠕动出来。

2. 捕食行为　食蚜瘿蚊幼虫出壳后，稍停片刻即可寻找猎物，喜背光爬行。初孵幼虫常趴在若蚜腹下，有时 3～6 头瘿蚊小幼虫同时趴在 1 头若蚜腹下取食。吸干 1 头蚜虫一般需数十分钟。幼虫主要靠嗅觉寻找蚜虫，当靠近蚜虫时，幼虫将上颚刺入蚜虫腿节或腹部节间的膜质部分，通过上颚分泌一种消化液，在 10 分钟内即可溶解蚜虫体内组织，然后吸其体液，由于杀死蚜虫的速度较快，蚜虫的口针仍插在植物组织内，蚜虫的空体壳倒挂在植株上，随风摆动。当蚜虫密度较大时，瘿蚊往往只吸取少量寄主体液，便转移刺吸其他个体。如此，瘿蚊对蚜虫的杀伤量远多于刺吸至干的数量。蚜虫密度小时，瘿蚊频繁转移，找不到新的猎物时，仍可在刺吸未干的蚜尸上吸食。幼虫活动性弱，经过一段时间寻觅，如未发现蚜虫即静止不动，等待时机。

3. 捕食能力　幼虫的取食量与蚜虫的种类、大小和密度有关。每头幼虫一生可取食40～60头甘蓝蚜，或28头苹果蚜，或25头蚕豆蚜，或28头小桃蚜或13头豌豆蚜。当食物缺乏时，1头食蚜瘿蚊幼虫只需7头桃蚜即可完成发育和化蛹。幼虫的取食量还与蚜虫体内水分含量有关，随含水量的增加而增大。

当蚜虫密度大时，食蚜瘿蚊幼虫取食攻击（刺吸）蚜虫的频数明显增加，被部分吸食的蚜虫数量比被吸干的蚜虫数量大得多；蚜虫密度小时，瘿蚊幼虫可以在刺吸过的蚜虫体上再次取食，这一习性在天敌利用上很有意义。

4. 猎物种类　食蚜瘿蚊可取食60余种蚜虫。常见的有各种作物上的棉蚜，十字花科蔬菜上的桃蚜、甘蓝蚜、萝卜蚜，小麦和高粱上的麦二叉蚜，蚕豆上的苜蓿蚜，玉米上的缢管蚜，榆树上的榆长斑蚜，杏树上的桃粉大尾蚜，苹果上的绣线菊蚜，豌豆上的修尾蚜等。猎物缺乏时，瘿蚊也可以取食白粉虱蛹、叶螨卵，以及自己同类的卵或小幼虫等。

（四）蛹习性

老熟幼虫利用身体弯曲的力量弹离植物表面而落地，然后作短距离爬行进入2～3厘米深的土中结茧，2～4天后化蛹。此外，幼虫有时在叶片上化蛹。

瘿蚊喜在松软潮湿的基质中结茧化蛹。以木屑、蛭石、棉花、棉子壳、沙、炉渣末、砖渣末等为化蛹基质的实验结果显示，木屑、蛭石的羽化率最高，可达到80%，比以土为基质的羽化率高，其次是棉花。以炉渣、砖渣为基质的羽化率最低，羽化率为14%～31%。同时基质的含水量多少也影响瘿蚊羽化，当相对湿度为80%～90%时，蛹的存活率较高。

四、发生规律

在北京地区，食蚜瘿蚊4月中旬至10月下旬发生7～8代，10月下旬陆续以老熟幼虫在土表层结茧越冬，来年4月上中旬化蛹羽化为成虫。在蔬菜生产温室，幼虫出现早，结束晚。在温室延长光照条件下，食蚜瘿蚊可周年繁殖12～14代。

食蚜瘿蚊有滞育现象。滞育诱发始于秋季后的幼虫期，主要由光周期和温度决定。在8小时光照（温度25℃）和16小时黑暗（温度10℃）条件下，全部幼虫都可进入滞育。通过改变光周期，可以阻止滞育。

第二节　食蚜瘿蚊大量扩繁技术

目前，国际上食蚜瘿蚊的饲养主要以活体饲料——蚜虫为主。为了大量扩繁瘿蚊，首先必须保证大量供给蚜虫，不同地区和国家，根据本地的条件，可以建立相应的饲养系统。加拿大用当地的一种甜椒苗饲养桃蚜，然后用桃蚜饲养瘿蚊，效果很好，此工艺可用于工厂化大量生产，但在我国一些地区种植这种甜椒苗有一定困难。为此，结合我国的具体条件，改用蚕豆苗饲养修尾蚜，然后以修尾蚜喂饲瘿蚊，已取得成功。改进的生产工艺也可用于天敌的批量生产（图4）。

现将食蚜瘿蚊的生产流程示意简图介绍如下：

一、蚕豆—修尾蚜—瘿蚊扩繁系统

（一）蚜虫的饲养

1. 蚕豆苗繁殖豌豆修尾蚜

培育清洁苗：用1间20平方米的温室作为清洁苗培育室，专门用于培育无病虫的寄主植物。将蚕豆种子浸种催芽，挑出有病和不发芽的种子，当蚕豆芽长至0.5厘米时，播种在直径为15～20厘米的花盆内，每盆7～10粒，播后覆土1厘米，盆上盖塑料布保湿。出苗后揭去塑料布。若为 1 个成虫产卵笼连续繁殖瘿蚊提供净苗，则一般每周播种蚕豆两批，每批 30～40 盆。

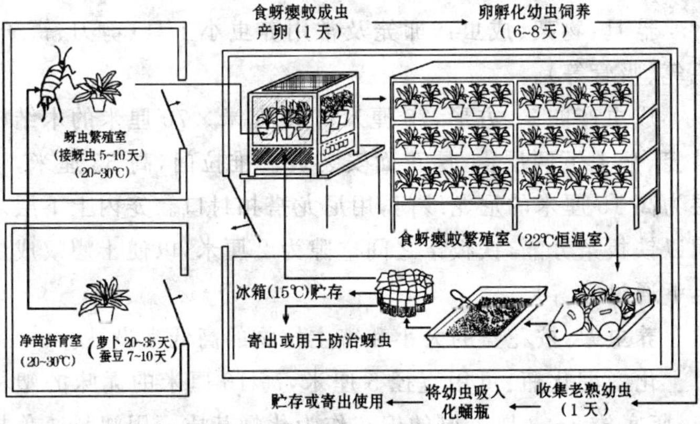

图 4　食蚜瘿蚊的生产流程示意

接种蚜虫：当蚕豆苗长至 3～5 厘米高时，将清洁苗搬入蚜虫饲养室。每盆蚕豆苗需接豌豆修尾蚜 30～50 头。培养6～7 天单盆蚜量可增殖到 500～700 头，培养 10～15 天单盆蚜量可达千余头，此时可用于饲养瘿蚊。

2. 萝卜苗繁殖桃蚜　若用萝卜苗（盆栽有芽的萝卜肉质根）繁殖桃蚜，为 1 个成虫产卵笼连续繁殖瘿蚊提供净苗，则每周需栽种 1 批，每批 40～50 盆，每盆 1 棵。

当萝卜苗长到 4～6 片叶时，将清洁苗搬入蚜虫饲养室。为每盆萝卜苗接上桃蚜 100 头，10～15 天后单盆蚜量可达千余头，这时可用于喂食瘿蚊幼虫。

3. 养苗室的条件　清洁苗培育室冬季白天的温度应保

持在20℃以上，晚上不低于15℃，光照12～15个小时。

（二）瘿蚊的饲养与管理

1. 饲养条件及工具

培养室温度：22～24℃，相对湿度75%～85%。

器具：物架、成虫产卵笼及常用养虫小工具（剪刀、镊子、毛笔、吸管等）。

成虫产卵笼：方形，70厘米×80厘米×70厘米的木结构纱笼，分上下两层，上层正面安装玻璃推拉门，高55厘米，下层为高15厘米的尼龙纱门，用尼龙搭扣封口。笼内上下层之间以铁板条分隔，铁板条之间空隙为2厘米，以便于瘿蚊成虫上下通过。

养虫架：按花盆的大小和寄主植物的高低来设计。

化蛹羽化瓶：可用直径5厘米，高16厘米的无味的塑料瓶，瓶底放2～3厘米厚的棉花作为化蛹基质。用塑料瓶盖扣口，内垫尼龙纱。

2. 接种瘿蚊卵　在成虫产卵笼的下层放一小瓷盘，盘内铺2～3厘米厚的蛭石，盘内加适量清水，以供成虫饮用。在笼的上层，放进8～12盆带蚜虫的蚕豆苗或5～8盆带蚜虫的萝卜苗。然后将刚开始羽化的化蛹瓶（一般200头/瓶），按每笼1000头的量放入笼的下层，以后每3天补充300头。接瘿蚊后第三天开始更新带蚜虫的植物，以后每天更换1次植物。成虫产卵笼连续使用1个月后，应清洁1次，以保持养虫笼无污染。另外一种接入瘿蚊的方法，即一次性接入瘿蚊成虫后，不作补充，连续更换植物4～7批之后结束使用。

3. 培育瘿蚊幼虫　将落有瘿蚊卵的盆栽植物从成虫产卵笼中取出，移到养虫架上，注意检查卵的孵化情况。在幼虫发育期间，每天应调整一下花盆的位置，以防受光不均匀。同时观察幼虫发育及蚜虫数量。如蚜虫数量不足，应及时补充蚜虫，以保证为瘿蚊生长发育所需的营养。

（三）食蚜瘿蚊幼虫的收集

1. *毛笔挑取法* 在龄期不一致的情况下，可用毛笔蘸水后，把发育成熟的幼虫挑入化蛹瓶。此法便于控制蛹的发育整齐度，但只适于小规模饲养或保种。

2. *水盘收集法* 当瘿蚊幼虫进入末龄时，将盆栽的植株斜架于盛清水的瓷盘上方，或将植株（带蚜虫和瘿蚊）剪下，放于瓷盘上方的铁筛上（筛孔 3 厘米以上），这样老熟幼虫即可弹跳到瓷盘的水中，次日即可用吸管将幼虫吸入化蛹瓶内。每瓶放入 200 头为宜，瓶口衬上头巾纱，上盖即可。

把收集好的幼虫放在瘿蚊饲养室，当晚幼虫即可结茧，约 10 天后成虫开始羽化。此时可用于扩繁或在作物生产温室释放应用。此项饲养技术，1 000 头成虫经 1 代饲养，可获得 2 万余头蛹。

二、甜椒—桃蚜—瘿蚊扩繁系统

（一）甜椒苗的大量栽培

1. *净苗培养室温度要求* 夜间 18～20℃，白天 20～30℃。

2. *播种* 在播种用的木框（49.5 厘米×32 厘米×7.6 厘米）中放入无土栽培介质（一种含有草炭和蛭石及植物营养成分的复合栽培介质），或其他无土栽培介质，如一般的草炭、蛭石、锯末等的混合物。用木条或其他工具划出 7～8 条 1 厘米深的浅槽，然后撒上甜椒籽，覆盖少许栽培介质后，插上注有播种日期的标签，送培养净苗的温室培养。适时浇水促进种子发芽。每周播种 1 次。

3. *移栽* 当甜椒种子发芽后，长出两片真叶，约 6 厘米高时（约3周），把它们移栽到长方形塑料栽培盆中（60厘米×20厘米×14.5厘米）。盆中盛容量4/5的栽培介质，每盆栽4株甜椒。盆栽植株置净苗室中发育。每2天给水溶性复合肥料（含有氮、磷、钾），浓度为75克/100升。如遇叶变黄症状，可能缺氮素，可施入适量固体颗粒剂复合肥料（一种缓释肥料，含氮16%），或其他氮肥，约经3～4天，即可转绿。

4. 污染防治　栽培盆由硬塑料制成，质轻易搬运洗涤，一般用6%漂白粉洗涤，可防植物病原感染，盆底有4个小孔可泄水。

当净苗上出现蚜虫，用尼古丁熏蒸剂熏蒸。根蝇是温室中常见害虫，通常用粘性黄条诱杀成虫。

5. 灌溉系统　每日需给净苗供水或保持温室湿度，以减少甜椒苗移栽时水分大量蒸腾。可手持水管浇水，也可采用自动灌溉系统或机械喷雾，以维持湿度，提高移栽苗的成活率。

喷雾式灌溉：喷雾式灌溉使叶表面形成水膜，移栽的植物可以暴露在强光照条件下，进行尽可能多的光合作用，同时降低蒸腾作用。此法能极大提高移栽幼苗的成活率。根据喷雾面积及喷雾头喷雾半径，决定采用几个喷雾头。

在无喷雾系统的条件下，可采用塑料布或麻袋片等覆盖在播种框上，以达到保湿遮荫的效果。

喷雾式灌溉系统由下列几部分组成：①水泵，提供灌溉系统动力；②定时钟，自动调节每天的供水时间（如夏季每天供水3次，上午11时、下午1时及3时各供1次），及供水时间长短（如每次供水5分钟）；③电阀，由定时钟或控湿气控制阀门开启而定时供水；④湿度探头，有条件可装置，与供湿设备相连，定湿供水；⑤喷雾头，喷雾头由帽和底座两部分组成。材料可用金属或塑料。底座像一螺钉，中央有1个1.5毫米的小孔，底座连到水管上，帽固定在底座上，当水流经小孔速度很大，喷到帽上，被阻挡去向，导致水折向各水平方向喷射而出，形成很细的雾状水气。

(二)桃蚜大量繁殖

1. 接种　夏季，甜椒长至25～30厘米高，约为移栽后3周；冬季可适当延长。然后将苗移至接蚜室。这个时期的植株最易接受蚜虫感染。将有蚜虫的叶片放在刚移进的净苗上，让蚜虫自行扩散到整株植物。

2. 蚜虫培养　蚜虫繁殖到一定程度才可供一定量的瘿蚊产卵。最适合的时期是所有叶片上的蚜虫密度达到每平方厘米20～30头，大约在接蚜后6～10天可达此密度。

培养室要求温度最高25～29℃，最低14～18℃；冬季光照需添加5～6支日光灯，增加光照度，日光照时数16小时。

3. 施肥和灌溉

肥料：每天给蚜虫扩繁苗施营养液5分钟。1个营养槽(500升)可供2间温室2天之用，浓度为0.3克/升。

营养槽：由木材或其他材料制成，定时钟自动开启水泵，从而控制输出营养液的时间。当水泵工作时，营养液的水溶液被吸入泵，由水管导出进入灌溉系统。槽内设有另一管子，当阀门开启时，同时开启泵上的手动开关，水和营养液同时进入水泵，经管子又回到槽内，如此循环多次，达到搅拌使溶液充分溶解的目的。

营养水溶液进入灌溉系统，可以多种形式供给，如悬挂喷雾式、滴灌式。滴灌在主管两边设小水管，小管直径约为8毫米，上开数个直径为1.5毫米的小孔，溶液由主管进入后即由各小孔自然溢出。

4. 污染防治　当接蚜室中出现白粉虱时，可用敌敌畏进行熏蒸处理。

(三)瘿蚊大量饲养

1. 接瘿蚊卵　每天将有足够蚜虫的植株移入瘿蚊成虫产卵笼内过1夜,让瘿蚊充分产卵。同时,每2天给笼中添加瘿蚊老熟幼虫,注意保持笼中草炭湿度,以利于瘿蚊化蛹及成虫顺利羽化。

产卵笼:门窗用尼龙纱覆盖。笼中分2层,由铁网隔开,网上放供产卵的蚜虫植株,换新株时,轻轻抖动植株,以惊动成虫使其离开旧植株,然后添入新植株,每天换1次,网下放存有草炭的浅盘,供瘿蚊幼虫化蛹及羽化。

产卵室温:最高25℃,最低14～18℃。

2. 培养瘿蚊幼虫　植株在产卵笼中过夜后,于次日取出,放入瘿蚊培养室。瘿蚊在植株上孵化后,开始取食植物上的蚜虫,约需5天的发育(一般4～6天),即可老熟待收获。

培养室温度:最高25℃,最低19～23℃。

(四)收获瘿蚊幼虫

将要收集的植株斜放到收集器上,一边3个栽培盆(24株)。即将化蛹的老熟幼虫跳入槽中,随水流入收集漏斗,每天收集1次。收集室温度:最高25℃,最低19～23℃。

1. 收集器　主要由以下部分组成。

(1)三角形收集槽:主要由2片倾斜的木材或钢化玻璃及其他材料组成,注意槽内面保持光洁,以利于流水将幼虫冲到槽底,两边设斜形底座,使植株斜向槽内,致使所有叶片上的瘿蚊都能跳入槽内,达到完全收集的目的。槽一端开出口设有粗网,挡住叶片等较大物体,以免堵塞收集漏斗,不致使水溢出而损失幼虫。槽略倾斜以便水流向收集漏斗。

(2)收集漏斗:漏斗上有2层网,上面1层用窗纱网即可,可滤过幼虫而挡住一般较幼虫大的物体，如叶、部分死蚜虫等。用一橡皮管插入网，以防下层空气堵塞而使水倒流溢出，造成损失。下层是100目的细纱网，幼虫不能滤过而被收集，但不纯净，还混杂死蚜虫。收集漏斗放在大漏斗中，不固定，可任意放取，以利于收集分离。

(3)供水管：水自水箱经过滤器进入环形水管，由管上小孔(直径2厘米)中流出，把落在斜槽两边的幼虫冲刷到槽底，流向收集漏斗。

(4)大漏斗：固定在台子中间，漏斗中有一小过滤网，再次过滤物质，免得进入台下水箱中，以保持循环水清洁。

(5)水箱：设有水浮子，控制进出水量；下有塞子，每天开启1次换干净水。

(6)水泵：放在水箱中，使整个收集系统的水进行循环。

(7)过滤器：设在进水管上，由于夏季水中藻类生长迅速，过滤器可初步滤过藻类及沙等水中杂物。

(8)各种接头：可将整个水泵系统拆为零件，以利于清洗每个组成部分。

2. 分离幼虫　将收集漏斗从收集器上取回室内进行处理，把100目网上的收集物(瘿蚊、死蚜虫、碎叶)倒入一套过滤器，过滤器由3个焊有不同孔径铜网的塑料杯组成，(塑料杯去底，焊上网)，第一层粗网过滤大物体，如叶片等，第二层一般如窗纱粗细的网，滤过死蚜虫等，留在第三层的(100目)完全是瘿蚊幼虫。这样就达到完全分离的目的。

将分离后的瘿蚊存入容器，用滴管目测计数，再将一定数量的瘿蚊放入包装容器中备用。

(五)瘿蚊简易生产线的日常管理

1. 每日检查　检查自动灌溉系统运行情况，夏季，净苗每日需喷雾2～3次，每次10分钟。蚜虫生产室每天供给营养液，每次5分钟。检查温度，并作记录。检查病虫害，如发现净苗室有蚜虫，可用抗蚜威处理；如发现根蝇，用粘性黄板诱集。检查营养槽，每槽每2天添加150克营养料。

2. 日常工作安排　从净苗室将甜椒净苗移到蚜虫生产室，进入蚜虫生产室后不能再放回净苗室，以免把蚜虫带回净苗室；把带有蚜虫的叶子放在净苗顶端，让蚜虫自行扩散到整株。把接有蚜虫的甜椒苗放入产卵笼中过1夜；每2天放500头瘿蚊幼虫到存有草炭的盆中，注意保持草炭湿度。取出已产有卵的甜椒苗依次放在生产台上。把每天的植株分开放，不让其接触前1天的植株，以免瘿蚊幼虫爬散。从收集器上移走已被收集过的老植株，换上新植株；通过过滤漏斗收集瘿蚊幼虫；一般幼虫都跳入槽中，收到完全收集的效果，万一仍有部分留在叶上，可把甜椒整株剪下，在1个桶中涮下其余幼虫，倒掉桶上部的死蚜，收集沉到底部的幼虫。手持水管，用水流轻轻冲刷仍留在槽中的幼虫。夏季，每日清洗过滤器，洗掉附在网上的藻类，每周1～2次冲洗收集器，用10.5%的漂白粉溶液清洗。用长把细条毛刷将各零件卸开清洗，冬季每周清洗2次。把要扔的植株放入塑料袋中密封，以免蚜虫扩散；清除杂草，以防白粉虱；必要时，用敌敌畏杀死蚜虫生产室中的蚜虫寄生蜂或捕食性昆虫。

三、贮藏、包装及运输

(一)贮　藏

1. 长期冷藏　将老熟幼虫放在容器的化蛹介质中，在室温条件下过1夜，第二天将仍处于幼虫状态、但外围有薄茧的老熟幼虫放入冷库冷藏。在1℃时，可冷藏2个月；在5℃下，可保存8个月，但羽化不整齐；放入13～15℃低恒温箱，使其缓慢发育，贮存1个月左右，对成虫羽化和产卵均无大的影响。

瘿蚊具有休眠的特性，在低温、短日照条件下进入休眠，其后如果条件恢复正常，可复苏。因此，将幼虫置于15℃、每日6小时光照的条件下饲养，按上述方法收集老熟幼虫，待幼虫结茧，进入休眠后，放于4℃条件下可贮存2～3个月。当需要释放应用时，将蛹瓶取出，放在22℃和18小时/日的光照条件下，约15～20天即可羽化，羽化率仍可保持65%以上。在未休眠或滞育的情况下，放入4℃冰箱中贮存，则瘿蚊幼虫不结茧、不羽化。若瘿蚊幼虫放在15℃的低温箱中30～34天，则效果不好，大多数个体在贮存中均羽化，羽化率达67%左右。

2. 短期贮藏　把收集的幼虫放在室温下发育5～8天即进入蛹态，然后放在5℃下冷藏，可保存7～8天。

(二)包装及运输

1. 包装　可采用泡沫塑料杯作为包装的容器，最好采用涂有蜡层的纸杯，不易破裂。内放小半杯棉垫或蛭石、草炭、锯末等良好化蛹介质，喷上水，使湿润，然后放上老熟瘿蚊幼虫。容器盖上开有1厘米的小孔，平时用塑料条贴住，保持容器内湿度，以利于成虫羽化，当释放时确定成虫已羽化，即撕去塑料条，让成虫从孔中飞出。包装计数，采用眼科用滴管或医用注射器来测定。每瓶约装1 000头幼虫。

2. 运输　在容器盖上贴上标签，提供最关键最基本的信息给农民。如羽化日期、数量、最适羽化温度，以便农民掌握合适的释放时间。一般在羽化前4天航空邮出，农民可在羽化前2～3日收到。

第三节　食蚜瘿蚊的应用技术

在保护地应用食蚜瘿蚊，效果十分明显。前苏联用食蚜瘿蚊控制黄瓜上的瓜蚜(Bondarenko et al.，1978)，芬兰用食蚜瘿蚊防治甜椒和番茄上的桃蚜以及花卉蚜虫，丹麦、挪威、荷兰用食蚜瘿蚊防治蔬菜蚜虫，均十分成功。另有报道，食蚜瘿蚊在大田应用也有一定的控制作用。如在果园释放食蚜瘿蚊控制苹果蚜(Bouchard，1982)，在蔬菜上用于控制甘蓝蚜(Raworth et al.，1984)，在禾谷作物上用于控制蚜虫，均有一定的效果(Berest，1980；Fougeroux，1984)。但据笔者在北京郊区苹果园做的多次实验，其防治效果不显著，有待进一步研究。

一、释放应用方法

根据温室的面积和蚜虫的密度，在适当的时机以一定的量及频次释放一定虫态(成虫)的天敌。

(一)释放量及频次

露地笼罩实验，甘蓝苗上释放瘿蚊防治甘蓝蚜(*Brevicoryne brassiace*)，设4个益害比(蚊蛹：蚜虫)，分别为1：15，1：20，1：30，1：40，以不放瘿蚊为对照。结果表明，1：40的益害比效果较差，6天后防效为47%，12天后仅70%；益害比1：15～30，12天后防效为83%～86%。综合考虑天敌的需求量、作物的生产成本及防治的有效性，建议在作物生产上，以1：20～30的益害比应用为宜。

国外用1：200的比例，以7～10天为间隔，释放2～3次，在黄瓜上应用，可将棉蚜控制在经济为害水平之下(Ushchekov，1975)，若需彻底杀蚜，则需有一个较高的释放比例，如1：20或者1：40(Storozhkov et al.，1981)。在芬兰，为了控制温室甜椒上的桃蚜，每平方米需释放 2～5 个蛹或以 1∶3 的比例释放应用(Markkula，1978)。另有报道，以每平方米 8 头蛹的量，分 3 次，每次间隔 1 周释放，也可有效地控制黄瓜上的棉蚜为害(Scopes，1982)。

在加拿大，在商品化温室生产中，大多采用无土栽培、水溶性养分滴灌等先进生产技术措施，作物生长旺盛，高大，一般可达 3～4 米高，可周年生长结果，因此，释放量也相对大些。释放的方式是，把盛有即将羽化的瘿蚊的容器放置在温室中有蚜虫的植株下，待其羽化时，即撕掉包装盒小孔上的胶带，让成虫飞出。一般按每 6 株番茄释放 1 头瘿蚊蛹的比例应用瘿蚊，每周释放 1 次，连续用 2～3 次；甜椒则按每株放 10 头瘿蚊蛹的比例释放应用。

(二)释放的适期

蚜虫繁殖快，为害迅速。因此，掌握瘿蚊的释放适期很重要。在萝卜秧上笼罩实验，萝卜苗 4～5 片叶，蚜虫 3 个密度，分别为单株蚜量 20 头、100 头及 200 头以上，以 1∶10 的益害比释放瘿蚊成虫。对照区蚜虫密度为 100 头/株，不放瘿蚊，结果表明：①在不同蚜虫密度条件下，以同样益害比释放瘿蚊，其防治效果相近，6 天防治效果 68%～75%，12 天效果达 92%～96%。②前期蚜虫不能得到迅速控制，蚜虫数量有一个上升值，如在单株蚜量 20 头的处理中，放蚜后 3 天蚜虫上升到 34 头；200 头的处理，放蚜后 3 天上升到 312 头。释放瘿蚊 6 天后，瘿蚊卵大量孵化为幼虫，并开始捕食蚜虫，这时蚜虫数量明显下降。③蚜虫密度越大，需要释放的瘿蚊数量也越大，这样，作物的生产成本也大为提高。因此，在蚜虫发生初期释放瘿蚊为宜，既有效又经济。

二、防治效果与应用示范

(一)小面积的应用效果

1. 笼罩的控制作用 在甘蓝、黄瓜、萝卜、蚕豆上,以1∶20的益害比释放瘿蚊成虫,防治桃蚜、瓜蚜、萝卜蚜、豌豆修尾蚜、豆蚜。结果表明,瘿蚊可有效地控制蚜虫的危害。对豌豆修尾蚜的控制效果稍高于其他蚜虫,9天防效达96%;对萝卜蚜、瓜蚜、桃蚜的9天防效,分别为90%、79%和74%,12天均达到94%以上;对豆蚜的防效较差,12天仅51.3%,同时瘿蚊的后代个体小、发育不良、体色深。

2. 小温室的效果 在普通双面玻璃温室,在蚜虫发生盛期,以1∶20的益害比释放瘿蚊成虫防治白菜和辣椒上的萝卜蚜和桃蚜,9天防效分别达65%和77%,12天防效分别达87%和90%。

3. 小拱棚的效果 在小拱棚的甘蓝和蚕豆苗上,以1∶30的益害比释放瘿蚊成虫防治桃蚜和豌豆修尾蚜,放蚊后6天的防效分别为62%,9天防效分别达81%和90%,12天防效分别达87%和98%,可有效地控制蚜虫。

(二)大棚应用示范

以1∶20的益害比于蚜虫发生初期释放瘿蚊成虫,可以有效地防治大棚尖椒上的桃蚜。在大棚尖椒整个生长季节,即6月上旬至8月下旬,瘿蚊可以持续作用于蚜虫,不需用其他手段补充防治。1990年在平均蚜量230头/株时,释放瘿蚊成虫1次,每株放10头,10天蚜量下降到40头/株,蚜虫减退率为82%,与化防效果相当。放蚊后20天,大棚蚜虫仍在减少,而化防大棚蚜虫数量均在上升。放蚊后30天,大棚中瘿蚊处于蛹期,这时蚜量有所上升,蚜量为141头/株;化防大棚蚜量上升到550头/株,不得不第二次施用化学药剂。放蚊大棚

50天后瘿蚊仍在增殖，蚜量还在下降。放瘿蚊区（放蚊1次）全季蚜量最高为161头/株；化防大棚中蚜量高达800头/株，不得不施药3～4次。

1990年在大庆市示范5个大棚（600平方米/棚），平均每棚收获大尖辣椒4115千克，对照区收获3572千克，放蚊大棚比对照的增产15%。1991年示范16个大棚，按1∶20的益害比分3次释放，防效显著；放蚊10天后单株蚜量由146头下降到20头，随后仍继续减少，至拉秧时，平均单株蚜量仅4.6头，而对照区平均单株蚜量达到224头。

应用食蚜瘿蚊防治蚜虫效果显著，但见效需有一个过程，从释放成虫至见效（90%以上防效），约为2周。所以，应用瘿蚊防治蚜虫不宜作为应急措施。应用时还要求在蚜虫发生初期或在蚜虫较低密度（200头/株以下）下应用。因为释放成虫后，瘿蚊需经历产卵前期、卵期以及取食量很低的低龄幼虫期之后，才能大量捕食或杀伤蚜虫，起到控制蚜虫的作用。所以，当蚜虫密度过大或大发生时，不宜直接使用这一措施，应先施用化学农药1次，尔后应用瘿蚊防治蚜虫。

三、与化学农药的协调应用

食蚜瘿蚊对化学农药敏感，在农业生产中，常常需要协调化学农药和天敌的使用。研究表明，杀菌剂托布津、扑海因、百菌清对瘿蚊的影响很小，对卵、幼虫死亡率在8%以下。杀螨剂三氯杀螨醇、灭螨锰对瘿蚊卵的触杀率较大（触杀15%～20%），对幼虫的触杀率较小（1.8%～8.3%）。常用杀虫剂中，辟蚜雾对瘿蚊没有影响；扑虱灵对瘿蚊卵和幼虫的触杀率分别为36%和11%；乐果对瘿蚊有影响，对卵的触杀率为14%，对幼虫触杀率为33%，对初孵幼虫毒性很大，接触药液后大部分死亡；氧化乐果、溴氰菊酯、异柳磷、敌敌畏及复方喹硫磷对瘿蚊的毒性很大，对瘿蚊卵的毒杀率达 30%～54%，对幼虫触杀率为 87%～100%。

一般来说，食蚜瘿蚊蛹期的耐药性相对较强，而卵、幼虫及成虫的耐药性较弱。在使用食蚜瘿蚊防治蚜虫时，可以与大部分的杀菌剂、杀螨剂及低毒的杀虫剂如辟蚜雾、扑虱灵配合使用，应避免与氧化乐果、敌敌畏等高毒杀虫剂的使用相遇。

（本章由谢明、程洪坤、邱卫亮编著）

第三章 智利小植绥螨的扩繁与应用

第一节 概 述

一、研究与利用现状

智利小植绥螨(*Phytoseiulus persimilis*),简称智利螨或智利植绥螨,属蛛形纲蜱螨目植绥螨科,主要取食叶螨,有时也捕食跗线螨,是农田害螨重要的捕食性天敌。智利螨最早由Athias-Henriot 在智利发现,原分布于地中海沿岸的温暖地区以及智利,在阿尔及利亚、利比亚、突尼斯、法国南部及意大利也有分布,其分布于南美洲的种群和欧洲的种群相同,南美洲的分布可能是人为的引种。

20世纪50年代至60年代,德国科学家Dosse(1958)和加拿大科学家Chant(1961)开始对智利小植绥螨进行饲养和应用研究,其结果肯定了智利小植绥螨对温室叶螨的控制作用。由此,人们开始重视智利小植绥螨的研究和利用,有许多国家相继引种智利小植绥螨。由于引种智利小植绥螨已在世界许多国家的自然界定居,各种野生植物为智利小植绥螨迁入大田之前提供了重要场所。例如,在以色列,智利小植绥螨通过引种,已在多种野生寄主植物及一些温室中得到定居(Swiski,1968);在黎巴嫩,自然界也发现有引种的种群定居(Dosse,1967);在美国,智利小植绥螨在加利福尼亚州南部沿海等地也已定居(Mcmyrtry,1978;Cochereau,1976)。在澳大利亚,智利小植绥螨也获定居,在一些相隔甚远的地区,如新南威尔士、悉尼、墨尔本以及南澳大利亚也可见到智利小植绥螨定居。在新西兰，智利小植绥螨在苹果园也定居，对二斑叶螨有明显的控制作用。

20 世纪 70 年代以来，世界许多国家对智利小植绥螨的生物学、生态学及应用进行了大量研究。人们发现智利小植绥螨具有发育快、繁殖力强、捕食量大、田间适应能力及抗逆性强等优良特性，有些品系对化学农药(有机磷)具有一定的耐力，被认为是一种具有极高利用价值的捕食螨。目前，欧美一些国家如英国、荷兰、美国，已实现了智利小植绥螨的商品化生产，将其用于温室番茄、黄瓜、青椒上害螨的防治，效果显著。智利小植绥螨也可用于防治观赏植物上的害螨，在菊花上应用，效果显著，但要求释放捕食螨之前叶螨密度不能太高(Boys，Burbutis，1972)；在玫瑰上防治叶螨也获成功(Simmonds，1972)，要求释放数量不可太少和室内温度不可太高(Lindqutist，1980)。此外，在草莓、葡萄、茄子、大丽花、石竹、蔷薇、常春藤、万年青等植物上应用也有很好的效果。至 80 年代初，荷兰已有 60%的温室用智利小植绥螨防治二斑叶螨(Woets 等，1981)，英国(Gould，1980)有 75%，芬兰、瑞典和丹麦有 70%～75%。在加拿大和前苏联，智利小植绥螨的应用也十分普遍。智利小植绥螨的耐药品系可与某些农药(有机磷)联合使用，所以在需要用农药防治其他害虫时，可配合利用智利小植绥螨来防治害螨。智利小植绥螨的成功利用，被认为与 1888 年澳洲瓢虫引入美国成功控制吹棉蚧一样，具有历史性的重要意义。

我国于 20 世纪 70 年代中期从瑞典(1975 年)、英国和澳大利亚(1981 年)多次引种智利小植绥螨，在北京、上海、江苏及江西等地繁殖成功，并对其生物学、生态学及田间应用效果作了研究，已取得显著成效。

二、形态特征

雌性比雄性体大，体橘红色，近圆球形，体长 0.3～0.6 毫米。背板退化，体 2/3 以上裸露，体毛长。背板有 14 对刚毛，其中侧刚毛(L4、L5、L7)、中刚毛(M2)、背刚毛(D4)等长大；侧 2 毛(L2)、中 1 毛(M1)及背 6 毛(D6)短；其余 6 对中等长，气门沟不达背 1 毛(D1)，腹肛板呈卵形，足具 3 根大毛。卵圆形，初产时淡橘红色，半透明，而后变深橘红色。

三、生物学特性

(一)发育历期

智利小植绥螨一生经历卵、幼螨、前若螨和后若螨发育到成螨。发育历期受温度的影响很大。在 15～28℃、10～25℃的变温条件下，完成一个世代分别约需 7.5 天和 12 天。在 25℃恒温条件下，由卵发育到成螨历时 4～6 天，成螨期 25 天左右。在温度 20℃下，完成一个世代需 6 天左右；29℃恒温条件下，约需 4 天，比叶螨发育快 1.7 倍。

在日均 16℃，相对湿度 72%的自然温室条件下，智利小植绥螨从卵发育到成螨需 11～12 天，其中卵历期 5 天，幼螨 1.5 天，前若螨 2.5～3 天，后若螨 2 天(表 3)。在光照 15.5 小时，温度从 3 时的 14.5℃变至 13 时的 28℃，平均 20℃，相对湿度为 65%～95%的条件下，卵期 3.1 天，幼螨期 1 天，前若螨雄螨 1.7 天，雌螨 1.6 天，后期若螨雌雄螨平均 1.7 天。雌雄螨发育历期基本相等。雌螨的产卵前期约 2.8 天。智利小植绥螨无滞育现象，在条件适合的情况下可周年繁殖。

表3 温室条件下(16℃)智利小植绥螨的发育历期

(郭玉杰等,1987)

虫态	平均发育历期(天)		
	雌螨	雄螨	平均
卵	4.84	5.03	4.93
幼螨	1.36	1.54	1.45
前若螨	2.72	2.60	2.66
后若螨	2.07	1.96	2.01
合计	10.99	11.13	11.09

(二)生活习性

智利小植绥螨是喜湿忌干但耐高温能力较弱的螨类。卵和幼螨正常发育的温度上限为30～35℃,不同品系之间存在耐高温能力差异。一般要求25℃,相对湿度大于70%,卵和幼螨才能正常发育,低湿对卵和幼螨的发育有明显的不良影响。

若螨蜕皮为成螨后,不立即交配,通常从蜕皮到交配间隔6～12小时,蜕皮后雌、雄螨可立即取食。取食后,雌螨变得十分活跃,当遇上雄螨交配后才安定,交配持续期不需要重复交配就能产卵。雌雄比为4.1∶1.0。智利小植绥螨在无食料时,成螨能吃一点自身的卵和新孵的幼螨,偶尔也见到后期若螨有此现象(在群体饲养的情况下,有时智利小植绥螨成螨之间有互相捕食的现象)。交尾后第二天开始产卵,第四至第六天进入产卵盛期,3～5粒/日,产卵速度比棉叶螨略慢,但产卵持续时间可长达20天以上。每头雌螨可产卵40粒左右。当提供的猎物小于每日4粒卵,智利小植绥螨可因营养不足而停止产卵。在猎物密度从0.8粒卵/平方厘米增加到3粒卵/平方厘米时,捕食螨的日产卵量快速上升。猎物从每平方厘米

6 粒卵提高到每平方厘米 24 粒卵时，智利小植绥螨产卵量增加不大(日产卵量 1.8 粒上升到 2.1 粒)，增长速度放慢，逐渐趋于饱和，说明智利小植绥螨在猎物较少的状态下，繁殖力仍可达到较大值。智利小植绥螨卵散产在叶背面叶脉两侧棉叶螨的丝网上或叶片凹陷处，卵发育起点温度 12.5℃，有效积温 20.4℃。

智利小植绥螨对食物种类有偏好，喜食棉叶螨的若螨和卵，成螨则喜食棉叶螨的成螨和若螨。食物的种类对智利小植绥螨的生长发育有一定影响，雌成螨取食山楂叶螨比取食二斑叶螨的寿命缩短、产卵量减少，子代性比也下降。

农田周边杂草是智利小植绥螨重要的栖息、定居地，智利小植绥螨有季节性地从杂草迁到新种的作物上，能在草莓、蚕豆、柠檬上定居，田间周围保留一定量的杂草，有助于各季节智利小植绥螨的定居。

(三)捕　食

智利小植绥螨对叶螨的搜寻不是一种随机的搜索过程，诱发智利小植绥螨的行为过程是受物理信号(丝线)和化学信号(种间激素即排泄物、皮屑)的影响。智利小植绥螨寻找猎物的模式，首先用前跗节接触猎物或寻找猎物；再以前跗节的机械感受器辨别猎物的躯体结构；再通过须肢上化学感受器与取食刺激物的接触反应，诱发对猎物的判断和激发取食。二斑叶螨的卵壳含有一种水溶性刺激物，对智利小植绥螨有诱发取食作用。克菌丹和马拉硫磷处理过的二斑叶螨卵使智利小植绥螨有拒食反应。

智利小植绥螨的捕食能力，随着猎物密度的增加，捕食量呈负加速增长。当猎物密度为 24 粒卵/平方厘米时，每雌每日的捕食量约为 24 粒，但仍有一些增加趋势，每雌每天的最大捕食量的理论值约为28粒。在25℃、相对湿度70%的条件下，以叶螨的卵为食物，雌成螨每天的最大捕食量为24～28粒，产卵量3～5粒。在室内实验，当智利小植绥螨与害螨比为6∶150时，捕食螨7天增长了8倍，害螨减少了82%，9天害螨被捕食殆尽。1头捕食螨10天的总繁殖量可彻底捕食28头棉叶螨的总繁殖量。

（四）扩散能力

智利小植绥螨有趋向高密度猎物的习性。扩散速度与猎物密度有很大关系，各种作物的栽培方式也影响着植株间的扩散速度。智利小植绥螨在植株上的扩散能力包括垂直扩散即株内扩散以及水平扩散即株间扩散。

1. *株内扩散* 按益害比1∶10在一串红植株上（株高20余厘米，约20片叶）释放捕食螨，把带有智利小植绥螨的菜豆叶集中放于植株的顶部。结果显示，智利小植绥螨在温室盆栽一串红上的垂直扩散速度是很快的，释放后3天，就可扩散到植株的各个部位。其中以中上部最多，占智利小植绥螨总数的43%；其次是中部，占24%。在簇栽月季上释放智利小植绥螨活动态，其分布以中部较多，占54%；其次为上部，占30%；下部较少，约8%。智利小植绥螨在植株上的分布一般和害螨分布是一致的，释放后可迅速扩散到植株有叶螨的部位，这种习性有利于控制害螨的发展。但有时如在露地月季植株上的分布和叶螨不完全相同，所以应考虑在叶螨集中的部位，直接释放智利小植绥螨。

2. *株间扩散* 智利小植绥螨的水平扩散速度很慢。实验表明，在温室一串红植株上释放智利小植绥螨后7天，只有约16%的相邻的植株上有捕食螨，17天仅有约40%的相邻植株上有捕食螨，因此，温室盆栽植株上，应采用每株释放的方法，以利于智利小植绥螨在最短的时间内达到有叶螨的部位。

(五)温度、湿度的影响

智利小植绥螨发育历期的适温范围为25～28℃,低于或高于这一范围,会引起成活率、卵孵化率下降,也会影响世代历期。不适宜的温度可造成智利小植绥螨初孵幼螨捕食尚未孵化的同类卵,若螨、成螨间也有时出现相互蚕食的现象,因此孵化率和成活率会偏低。36℃以上的高温,会造成幼螨大量死亡。

以皮氏叶螨为饲料,智利小植绥螨在22℃、24℃、28℃、32℃、36℃条件下,其孵化率、发育进度、死亡率、雌雄性比等变化如表4所示。

表4 温度对智利小植绥螨生长发育的影响

(吴伟南等,1982)

处理温度(℃)	孵化率(%)	世代历期(天)(从卵至成螨产卵)	性比(雌:雄)	成活率(%)
22	70	8.5	2.6:1	25.7
24	69	8	1.75:1	47.8
28	55	7	1.57:1	30.9
32	42	5	1.66:1	19
36	25	幼螨大部分死亡	—	—

国外报道,在25℃和27.5℃的变温范围内,智利小植绥螨的卵发育到产下一代卵,历期为5～12天。雌成螨22～25大的生活期内,约产100粒卵,平均每雌每天产卵4粒。1头雌成螨可取食各阶段的二斑叶螨150～200头(Ragusa)。在10℃至25℃的范围内,智利小植绥螨从卵至成螨的发育期为11天。在25℃的恒温下为4.6天,在15℃的恒温下为12.2

天。在10℃至25℃下饲养雌螨，在37天内产卵60粒，平均每雌螨产卵1.6粒(Dosse)。

智利小植绥螨以神泽氏叶螨(*T.kanzawai*)为食，在35℃时不能发育成成螨，32.5℃时，发育为成螨的个体数量很少；在30℃时，从卵发育到成螨经历的时间为3.5天(最短)，在此温度以下，发育速度随着温度降低而延长，15℃时约需19天(Hamamuira)。但也有报道，即使在35℃下，智利小植绥螨也能发育(Dosse和Bravenboer)。

湿度的影响，在25℃时，湿度越大，卵孵化率越高，相对湿度50%以下，孵化率极低，相对湿度70%以下，产卵量也很低，因此，在饲养时应保持70%以上的湿度，智利小植绥螨对二斑叶螨雌成螨的捕食量，在低湿(33%R.H)及中等湿度(76%R.H)条件下捕食力大，而在高湿(100%R.H)时，显著降低(Mori和Chant)。

智利小植绥螨冬季不休眠，据室内耐寒性测定，成螨在－10℃下经过1.5小时几乎全部死亡；在－7.5℃经12小时和－5℃至0℃间经48小时，有半数以上存活；但－7.5℃经48小时，－5℃经4天，－2.5℃至0℃经8天，则全部死亡。

第二节　饲养与大量繁殖

一、准备饲料

饲养智利小植绥螨多先用矮生菜豆或豌豆饲养二斑叶螨(*Tetranychus urticae* 即二点叶螨)。在冬、春季节饲养，可在温室内播种矮生菜豆、豌豆，待豆苗长出第一片复叶后，将带有二点叶螨的叶片移置于植株上，大约1星期以后，植株叶背面的叶螨卵量逐渐增多，此时即可采摘叶片喂饲智利小植绥螨。如果叶螨数量发生过多，被害叶片则会很快枯黄凋落。这时，可用 80%敌敌畏乳油 1 000 倍稀释液喷雾控制害螨数量。由于敌敌畏能杀死叶螨的活动虫态，对静止态的叶螨和卵基本无效，并具有残效短的特点，能短期内抑制叶螨虫口，延长苗株饲养叶螨的时间。在豆苗植株上饲养叶螨时，如果混入智利小植绥螨或其他天敌，即会抑制叶螨的发展，也可用敌敌畏 1 000 倍液连续喷洒 2 次，中间间隔 2 天，即能将混入的天敌消灭。喷药后 10 天左右，新产生的叶螨成螨又可继续产卵繁殖。在 22～30℃的温度范围内，喷敌敌畏后次日采摘叶片，喂养智利小植绥螨，无大的影响，但为安全起见，可在喷药后间隔 2 日再采摘叶片饲喂。

二、群休饲养

(一)叶片饲养法

保种或饲养少量智利小植绥螨时适用此法。用白色搪瓷盘(50 厘米×33 厘米)，盘中放水，水深 0.5 厘米，将数个直径为 9 厘米的小培养皿倒扣于瓷盘中，皿底上铺 1 层纱布，纱布边缘浸入水中，纱布上铺 1 张直径稍小于培养皿的圆形塑料纸(有若干小洞)，在塑料纸上放上一张带有叶螨的叶片。叶柄缠以湿的脱脂棉条，棉条一端浸入水中，使叶片保持新鲜。之后在叶片上接智利小植绥螨。每天在皿上加 1 片有叶螨的新鲜叶片，智利小植绥螨将很快地迁移到新鲜叶片上，3～4 天后，将压在下面的干枯叶片清除。由于智利小植绥螨繁殖力较强，只要饲料充足，短期内数量即很快增长，如 1 叶上的叶螨数量不能满足智利小植绥螨捕食时，就需要分皿，扩大繁殖。繁殖到一定数量，就可将叶片移至盆栽豆苗上饲养。

(二)盆栽豆苗饲养法

此法扩繁数量大，可供田间释放应用。饲养温室的温湿度和光照要求，冬天在室内饲养，温度宜保持在 20～30℃范围内，光照16～24小时。相对湿度保持在70%～90%。在温室中将豌豆、菜豆直播于塑料筐(30厘米×25厘米×10厘米，30～40株)或花盆(直径约15厘米，每盆3～4株)，待植株长出复叶时，即可在叶上接二点叶螨，约经3～7天，叶上即有大量的叶螨卵，此时把有智利小植绥螨的叶片移置于植株上，让其自行在苗上扩散，经10～12天，智利小植绥螨的数量可增长4倍多，1个月后可增10余倍。饲养过程中，需注意调节叶螨的数量，叶螨太少时应及时补充，叶螨数量太多时，可将叶片剪下，移于新鲜植株上用于叶螨的扩大接种。

三、冷　藏

智利小植绥螨对低温有很强的适应力，在引种或远距离转移时可以低温运输，也可以利用耐低温特性保存种源，或调节适宜的释放期，以避过不适宜的温、湿度。在7℃条件下，成螨保存1个月仍能全部存活(表5)，其子代幼螨保存40天的存活率仍很高(90%)，对子代的影响不大，但－1℃保存16天的子代存活率仅为50%(表6)。幼螨对低温的忍耐力较弱，在－1℃保存5～10天，存活率为35%～0.6%(表5)。

表5　冷藏对智利小植绥螨存活的影响

(杨子琦等，1991)

虫　态	温　度(℃)	冷藏时间(天)	存活率(%)
成　螨	7	30	100
	7	40	90
	7	67	30
	5	23	82
	5	40	39
	5	60	18

续表 5

虫　态	温　度(C)	冷藏时间(天)	存活率(%)
	−1	5	95
	−1	10	50
	−1	16	13
幼　螨	−1	5	35
	−1	10	0.6

表 6　冷藏对智利小植绥螨子代幼螨存活的影响

(杨子琦,1991)

冷藏温度(C)	冷藏时间(天)	子代幼螨存活率(%)
7	40	90
5	23	84
−1	5	86
−1	10	82
−1	16	50

第三节　应用及效果

一、释放方法与效果

智利小植绥螨防治叶螨的应用有两种方法:一种方法是当叶螨初发生时,释放捕食螨,或先释放少量害螨——叶螨,然后再释放天敌——捕食螨,在国外,常常采用这种“自然感染”的方法,被认为既经济又有效(Stenseth,1980 和 Markkula,1976)。另一种方法是在田间害螨发生初期开始逐量分批释放应用。

（一）保护地应用

防治花卉害虫：在北京地区，在温室盆栽一串红、藿香蓟、马蹄莲和爬蔓绣球上释放智利小植绥螨防治二斑叶螨。在栽培的前期（10～11 月份）开始放智利小植绥螨，可节省释放量，释放量视叶螨的发生数量、花卉种类、叶片多少和大小而异。爬蔓绣球植株大，叶片多，需增加释放量。此 4 种花卉应用智利小植绥螨的益害比，一般为 1∶10～20，小苗每株释放 1 头左右，大苗或大株每盆释放 5～50 头，翌年 3～4 月份，如果叶螨数量回升很大，可再放 1 次智利小植绥螨。应用结果，防治效果十分显著，作用持续，在一串红上可将叶螨控制在每叶 1 头以下，持续两月之久；藿香蓟上可将害螨控制在每叶 3～5 头，可持续 45 天以上；爬蔓绣球上可将叶螨控制在每叶 2 头左右，可持续 4 个月。若在花卉苗期应用，因集中播种或集中扦插，枝叶密集，可有利于捕食螨释放后迅速扩散，随植株移栽继续起作用。在观赏植物常春藤、大丽花上应用也有显著效果（Gould，1971）。

防治番木瓜、菜豆上皮氏叶螨：皮氏叶螨是菜豆、番木瓜等多种作物上的重要害螨。在网室豇豆上（1996 年，广东），在皮氏叶螨繁殖及危害的盛期，一次释放智利小植绥螨混合虫态 1 653 头（其中卵 300 粒，幼螨 516 头，若螨、成螨 837 头）。5 天后调查显示，智利小植绥螨的数量发展迅速，数量增加了 3.7 倍，皮氏叶螨下降了 75%。16 天后调查，皮氏叶螨全部被消灭。

（二）露地应用

防治神泽氏叶螨：在橘园行间栽培茄子 80 平方米（1988 年 5 月），于叶螨发生初期，释放智利小植绥螨 1 017 头（其中卵 291 粒，幼螨 49 头，成螨 461 头），防治效果较好。释放智利小植绥螨前神泽氏叶螨平均每叶 62.5 头，释放 5 天后，神泽氏叶螨每叶为 43.1 头，虫口密度下降 31.04%，释放 30 天后，每叶为 0.92 头。对照区 5 天后，神泽氏叶螨从原来平均每叶 73.3 头上升为 197.9 头，虫口密度增加 170%；30 天后，神泽氏叶螨虽然下降到平均 15.5 头，但仍然是释放区数量的 16.8 倍。其他捕食性天敌数量有所上升，对神泽氏叶螨种群也起了一定的控制作用。释放区在 7 月 4 日调查，天敌数量平均每叶 1.03 头，超过神泽氏叶螨的数量（平均每叶为 0.92 头）。在整个过程中，释放区的神泽氏叶螨数量始终低于对照区，可见智利小植绥螨对神泽氏叶螨的控制作用相当明显。在橘园行间栽培菜豆（1988 年 5 月）100 平方米，其中对照区面积 6.7 平方米，一次释放智利小植绥螨 952 头（包括卵、幼、若、成螨），结果表明，释放区初期神泽氏叶螨数量减少为每叶 65.3 头，30 天后，平均每叶为 0.8 头，下降了 98.77%。6 月 12 日调查，智利小植绥螨平均每叶增至 2.62 头。其他天敌的数量，平均每叶总和为 1.6 头。6 月 26 日调查，神泽氏叶螨数量减少为 0.8 头，智利小植绥螨也随之下降到 0.75 头。从 6 月 6 日至 6 月 20 日各种天敌的数量比较，以智利小植绥螨的数量占优势。释放 36 天以后，调查 100 片叶未发现神泽氏叶螨。对照区未释放智利小植绥螨，神泽氏叶螨随菜豆生长而上升，初期每叶平均 83.7 头，到 6 月 6 日上升为 207.6 头，比发生初期上升 148.3%，而本区神泽氏叶螨天敌主要类群平均每叶总和为 0.99 头，其数量不足以控制神泽氏叶螨的发展。以后由于高温及菜豆老化、营养条件恶化等原因，害螨数量呈下降趋势。到 6 月 26 日，对照区神泽氏叶螨每叶平均还有 121 头，而释放区神泽氏叶螨每叶平均仅 0.8 头，说明智利小植绥螨对神泽氏叶螨的防治效果显著。

在秋茬草莓上应用，在采用地膜覆盖以及摘除老叶的标准耕作措施的同时，释放智利小植绥螨防治二斑叶螨，每周释放 1 次，每株 5～10 头，连续几周，防治效果显著(Oatman，1966、1968、1977)。Mori 等(1975)在日本用它防治大豆上的二斑叶螨，效果也很好，但在黑莓上无效。在大黄属植物上释放智利小植绥螨，控制了二斑叶螨，也有一定效果，但田间没有建立持久种群。干旱地区应用智利小植绥螨的效果不佳(Pruszynski，1972)。

在棉花上应用，按益害比 1∶160 释放智利小植绥螨，10 天后棉株上的棉红叶螨全被吃光。捕食螨在棉株上的转移，主要取决于食料，当益害比大于 1∶5 时，捕食螨开始转移，13 天后邻近棉株上的棉叶螨可全部被捕食。在田间有棉叶螨的棉株上放智利小植绥螨，1 天后定居数为 40%，7 天后捕食螨增加 24 倍。

二、与化学农药的协调应用

智利小植绥螨的一般品系对化学农药非常敏感，多种农药在非致死剂量下，仍显著影响智利小植绥螨的繁殖和定居(表 7，表 8)。因此，一般要求与化学农药间隔 3 周以上使用。

表 7　若干农药的非致死浓度对智利小植绥螨生存的影响

(董慧芳等，1990)

药剂种类	稀释倍数(万倍)	成螨死亡率(%)	定居率(%)	卵量减少率(%)
42%三氯杀螨醇	0.5	0	48.4	62.9
50%氧化乐果	50	0～3.3	50.0	58.2
20%速灭杀丁	100	0～3.3	25.0	86
10%氯氰菊酯	100	3.3～13.3	11.7	98.9

续表 7

药剂种类	稀释倍数（万倍）	成螨死亡率（%）	定居率（%）	卵量减少率（%）
25%溴氰菊酯	100	0～3.3	3.3	99.5
20%灭扫利	750	0～3.3	6.7	98.9
对　照	—	0	97.6	—

表 8　四种杀菌剂对智利小植绥螨生存的影响

（董慧芳等，1990）

药剂种类	稀释倍数	定居率（%）	每雌每天产卵量（粒）
70%甲基托布津	500	53.3	0.2
50%多菌灵	500	76.7	0.3
25%粉锈宁	500	16.7	4.0
农抗 120	150	54	3.9
对　照	—	80.0	4.1

有些生物农药对智利小植绥螨相对安全。用对叶螨防效较高的 5%浏阳霉素 1 000 倍液处理智利小植绥螨，结果表明，其对智利小植绥螨的影响较小，直接向虫体喷药，死亡率为 28.6%，浏阳霉素施药前和施药后雌成螨的产卵量和对照相比均有一定减少（分别为 52%和 38%）；浏阳霉素施药后马上接种智利小植绥螨卵，孵化后的幼螨的死亡率为 100%，但 3 天后再接卵，死亡率即降至 35.9%，7 天后接卵，孵化出来的幼螨能正常发育成雌成螨，并正常产卵，在植株上的定居率可达 80%以上。对于浏阳霉素，在 7 天的间隔期后释放智利小植绥螨较为安全。

（本章由谢明、何伟志、邱卫亮编著）

第四章　小花蝽的扩繁及应用

第一节　概　述

一、研究与利用现状

小花蝽(Orius)隶属半翅目花蝽科(Anthocoridae),可捕食蚜虫、蓟马、叶螨、粉虱等害虫,是一类具有重要利用价值的天敌。小花蝽世界性广泛分布,已知80余种,我国已知11种。

国外对小花蝽的研究较早,主要研究种类有微小花蝽(*Orius minutus*)、美国暗色小花蝽(*Orius tristicolor*)及美洲小花蝽(*Orius insidiosus*),后两种在我国未见报道。1930年美国科学家Marshall观察并报道了美洲小花蝽的生物学特性,其后有多位学者先后就微小花蝽、美国暗色小花蝽、美洲小花蝽及其他种类小花蝽的生物学特性进行了研究。20世纪70年代,一些国家开始从生态学角度,研究小花蝽与猎物之间的相互关系及捕食行为。同期,法国的Fauvel,日本的Takara,埃及的Zaki等人开始研究小花蝽的饲料及人工饲养技术,发现以某些植物的花粉和某些害虫用作饲料,可成功地人工饲养小花蝽。在应用方面,人们先后研究了小花蝽对大豆蓟马、棕黄蓟马、温室白粉虱、草地夜蛾及多种棉田害虫(盲蝽、棉蚜、棉铃虫、棉叶夜蛾、棉红蜘蛛)的捕食作用和控制效果,以及杀虫剂对小花蝽的不良影响(Leigh),并提出了相应的保护措施,但在大面积释放应用方面的报道很少。

在我国大部分地区,小花蝽的优势种为东亚小花蝽(*O. sauteri*),微小花蝽和南方小花蝽(*O. similis*)。我国北方最常见的种类是东亚小花蝽，已报道分布于辽宁(兴城)、北京、天津、河北(兴隆、昌黎、大城、武清)、山西(太原、垣曲)、湖北(房县、武汉)、四川(金川)等地。国内先后对小花蝽的生物学特性、发生、消长和活动规律进行过研究。在大量繁殖利用方面，中国农科院生物防治研究所发现用黄豆芽作小花蝽的产卵基质效果好，用昆虫、叶螨、植物花粉或人工饲料饲养小花蝽，均可使之完成生活周期，并有较高的成活率。在应用方面，国内也开展了一些工作，应用小花蝽防治棉蚜、棉红蜘蛛、棉铃虫、果园害螨以及温室白粉虱等均取得一定效果。

二、形态特征

(一)小花蝽属的特征

小花蝽属体形小，长不超过3毫米。身体黄褐色至黑色，椭圆形。头短，眼前部分长不超过头长的1/3。喙亦短，一般不达中足基节。触角各节粗细相近，第三、第四节不特别变细，第二节呈现雌雄异形，雄者较粗。前胸背板侧缘全线具狭边，前角稍钝，胝发达，除胝区外，具刻点或浅皱，后叶者较显著。多为长翅型，膜片有3条明显的脉。臭腺沟弧形前弯。雄虫前足胫节腹面具小刺列。雄虫腹部后半左弯，不对称，抱器只一枚，位于第九腹节背面的陷窝内，螺旋形。此属种间外观十分近似，外生殖器的构造是较可靠的鉴别特征。雄虫需观察腹部末端背面左侧小陷窝中的螺旋形抱器，雌虫第七、第八腹节腹面节间膜中的“交配管”可作为辅助特征，但在实际应用中，不如雄虫抱器可靠。故单独依靠雌虫常不易准确鉴定，因此采集和保存田间正在交配的个体标本，对于雌虫的鉴别，将会有很大帮助。

(二)东亚小花蝽的形态特征

成虫：深黑褐色至黑色，触角第一、第二节浅黄褐色，第

三、第四节黑褐色，革片淡色，雌虫有时较深，楔片黑褐色，足淡黄褐色，中、后足股节色较深。雄虫触角各节长 0.11，0.31，0.20，0.22 毫米，第二节加粗；雌虫触角各节长 0.11，0.22，0.18，0.22 毫米。前胸背板四角无直立长毛，胝区隆出程度较弱，中线处多少具刻点及毛，胝后缘下凹尚清楚。雄虫抱器叶部较细狭，弯曲约成一直角，有一细小的齿，紧贴前缘，在低倍放大时易被忽略；鞭部短，几不伸过或伸过叶的末端，基部成狭叶状扩展，扩展部分长，占整个鞭长的 2/3，其末端有一向上翘起的小突起。体长 1.9～2.3 毫米。

若虫：初孵若虫淡黄白色，透明，后体色逐渐加深，变为橘黄色至黄褐色，复眼鲜红色。在第三四五节腹背中央有橙红色斑块。若虫共 5 龄。1 龄时体淡黄色；2 龄若虫形态特征与 1 龄时近似；3 龄时体色加深，复眼明显增大，中、后胸翅芽开始出现，后胸比中胸明显，腹部第三至第五节背板上斑块的颜色明显加深；4 龄时复眼更加增大，翅芽明显伸长达第一腹节后缘；5 龄时体色明显加深，有些个体到末期呈淡黄褐色，中、后胸翅芽伸至腹部第二节后缘，发育末期雄虫抱器基本形成，雌虫产卵管也开始分化，雌雄已可分别。

卵：产于多种植物叶脉及幼嫩组织内，外面仅露白色的边缘隆起、中间凹陷的圆形卵盖。卵呈长茄子形，表面具网状纹，长约 0.5～0.6 毫米，最宽处约 0.2 毫米。卵盖直径约 0.1 毫米。室内饲养看到有个别卵全部或部分裸露于叶片外，凡卵粒暴露于叶片外超出 1/2 长度者均不能孵化。初产卵乳白色，近孵化时，透过卵壳显现 1 对红色眼点。

三、生物学特性

（一）世代及越冬

东亚小花蝽从卵发育到成虫完成一个世代历期，历期的长短随季节气温的变化而异。在自然条件下1年发生5～8代，世代重叠明显。1个世代历期一般18～28天，在气温较低的春秋季节为28～38天。夏季成虫寿命21～29天，越冬代成虫为120～150天。

东亚小花蝽9月底至10月中旬以成虫(雌虫已交配)在果树和行道树的树干缝隙、土壤缝隙，或苜蓿、小麦、油菜等多种蔬菜上，或杂草枯枝落叶下，或冬季作物上陆续越冬。有群集越冬现象。翌年3月下旬结束越冬，开始活动、取食。

小花蝽在室内可周年饲养繁殖，在室温27℃、相对湿度70%左右、24小时光照条件下，用高粱蚜饲喂刚孵化的小花蝽若虫，若虫期为11.7天，成虫期为15天，世代历期30.7天。

(二)生长发育

1. 温湿度的影响　东亚小花蝽的生长发育受温湿度影响很大。若虫至成虫的存活率在25～30℃时较高，羽化率为55%～65%，20℃时羽化率较低，多在第一龄时死亡。在温度为25～35℃，相对湿度70%～90%条件下，随着温度的升高，各虫态的发育速率加快，发育历期缩短，成虫产卵量降低，寿命缩短。湿度的影响则因温度不同而异。在室内长光照(16小时光照，8小时黑暗)条件下，用桃蚜饲养的小花蝽各虫态历期如表9所示。

表9 小花蝽各虫态的历期

虫　态	温　度(℃)	平均历期(天)	变化幅度(天)
卵	15	15.2	13.5～17.5
	22	5.2	5.0～6.0
	25	4.3	4.0～5.0
	30	3.1	3.0～3.5
1龄若虫	15	10.5	7.5～16.0
	22	3.0	2.5～3.5
	25	2.3	1.5～3.0
	30	1.9	1.5～2.0
2龄若虫	15	7.2	5.0～9.5
	22	2.0	1.5～3.0
	25	1.6	1.0～2.0
	30	1.4	1.0～2.0
3龄若虫	15	6.9	6.0～9.5
	22	2.3	1.5～3.0
	25	1.8	1.0～3.0
	30	1.2	1.0～2.0
4龄若虫	15	8.6	7.0～12.0
	22	2.6	2.0～3.0
	25	2.2	1.5～3.0
	30	1.6	1.0～2.5
5龄若虫	15	15.0	13.0～18.0
	22	4.9	4.0～5.5
	25	3.7	3.0～4.5
	30	2.8	2.5～3.5

卵的发育临界温度、有效积温分别为 11.0℃和 59.8 日度；若虫的发育临界温度、有效积温分别为 11.3℃和 163.9 日度；由卵至成虫的发育临界温度、有效积温分别为 11.4℃和 220.9 日度。

表 10 饲养温度对成虫体长的影响

性　别	温　度（℃）	平均体长（毫米）	体长范围（毫米）	前胸背板平均长度（毫米）	前胸背板长度范围（毫米）
雄　虫	15	2.19	2.11～2.26	0.77	0.72～0.82
	22	1.85	1.70～2.02	0.72	0.64～0.78
	25	1.76	1.66～1.88	0.72	0.69～0.76
	30	1.68	1.56～1.79	0.68	0.64～0.71
雌　虫	15	2.33	2.21～2.45	0.88	0.84～0.91
	22	2.02	1.89～2.12	0.83	0.78～0.87
	25	1.91	1.79～1.98	0.79	0.76～0.83
	30	1.83	1.66～2.02	0.74	0.67～0.78

由表 10 可以看出，在每一温度下，雌虫体形均较雄虫为大；饲养温度越高，雌雄成虫体形均越小。

2. 光周期的影响　东亚小花蝽的生长发育对光周期反应敏感，随着光周期中光照时数的延长，发育速率加快，发育历期缩短。在同一光周期中，雄性个体的发育速率快于雌性个体，雄虫发育提前，有利于提高雌雄成虫的交配成功率。东亚小花蝽生长发育对光周期的反应与其滞育机制有着内在的联系，诱导其滞育的临界光周期约为 13 小时。

3. 食物的影响　食物种类明显影响成虫的寿命，当东亚小花蝽以米蛾（Corcyra cephalonica）卵为食时，雌成虫可存活16天，雄虫活19天，但此期间每日仅刺吸1～2粒卵。当饲以蓟马时，雌成虫可存活36天，雄虫活25天。当饲以叶螨时，雌成虫可存活33天，雄虫活37天(王清玲，1994)。

(三)生活习性

1. 交尾和产卵　小花蝽行两性生殖，不交尾则不产卵。成虫羽化1天后，体色呈现正常，即可交尾，雌雄虫均可多次交尾。交尾喜在光线较暗的地方进行，全天均可见。交尾持续时间为10余秒至1分多钟不等。成虫交配后2～6天开始产卵，直至死亡前一天。产卵期8～18天，平均14.75天。卵多散产于枝条上部嫩茎、叶柄或细嫩叶片背面的主脉基部组织内，很少一部分产于叶背侧脉或叶片组织中。单雌产卵量平均69粒，最高可达127粒，最大日产卵量15粒。

2. 捕食　若虫多在叶子背面、花朵或嫩梢上活动。若虫食性与成虫相似，但1～2龄的食量很少，3龄食量明显增加。在室内饲养时，当饲料不足时，小花蝽低龄若虫自相残杀现象较高龄若虫和成虫更为常见，而低龄若虫易被高龄若虫取食，各龄若虫均可被成虫取食。田间极少见东亚小花蝽自相残杀的现象，可能与其取食范围广泛有关。

东亚小花蝽觅食活动能力较强，能四处寻找食料，即便是毛丛卷叶或极小的枝杈缝隙都能进出自如。喜食花蜜，常在植物花内吸食汁液、花粉、花蜜或捕食蓟马、蚜虫、叶螨、粉虱等。它们多在中午前后气温较高时爬行于蚜、螨等为害的幼嫩植物的茎叶部及花中，极为活跃；早晚或阴雨天活动偏少，常静息于叶腋间隐蔽处。

东亚小花蝽能捕食蓟马、红蜘蛛、蚜虫和叶蝉等多种害虫。小花蝽孵化后约半小时开始觅食，刚羽化的成虫有的需2小时后才取食。成虫、若虫捕食叶螨、蓟马时，先用口针刺入猎物腹部，再用前足夹住虫体，吸食体液，捕食多在5～8分钟内完成。遇较肥大的叶螨或蓟马时，则不时用前足翻动虫体，调换位置吸食。捕食时如受到别的昆虫的干扰，就用口针举起猎物，迅速爬行至安全处，放卜继续取食，或一边爬行一边吸食。在蚜虫群落中，多取食幼蚜，因雌蚜体形较大，小花蝽触及时，常因雌蚜后足弹动而不易接近，故较少取食雌蚜或经几次搏斗才能成功。

对棕黄蓟马、棉蚜及神泽氏叶螨的捕食无明显偏好性，但吸食蚜虫每次花费14分钟以上。1头雌虫成虫期可捕食叶螨(卵)380头(粒)，雄虫为510头；若虫全期平均可捕食126头。若以蓟马为食，成虫平均每天捕食6头，五龄若虫平均句天捕食6.5头；雌、雄成虫期分别可捕食228头和116头；若虫期的平均捕食量为78头。

小花蝽猎物状态的识别见表11。

3. 孵化及性比　若虫全天均有孵化。若虫孵化时，顶着卵盖连同卵膜离开卵壳上升，同时左右摇晃使卵膜破裂，从而爬出。从卵盖打开至孵化完毕，只需30秒到1分钟。孵化率最高为100%，如果带卵的叶片不腐烂，一般孵化率为85%以上。

若虫5龄。蜕皮前不食不动，静伏15～20分钟，随后虫体背部逐渐拱起，蜕皮线处破裂，靠腹部的蠕动，胸部和头部缓缓从皮中脱出，然后用3对足用力支撑叶片，把腹部从皮中脱出。整个蜕皮过程约需3～5分钟。蜕皮后一般静伏1小时才活动取食，如受干扰，则可随时爬动。成虫整天均可羽化。

从对田间采获的小花蝽成虫及在室内饲养多代的成虫统计来看，雌虫多于雄虫。

表11 小花蝽猎物状态的识别

猎物名称	生活状态	被捕食致死虫	自然死亡虫
高粱蓟马	活跃,翘尾	残缺或食净	体完整,不翘尾
棉蚜	体黄色,有光泽	残缺变色,不皱或伤口溢液	皱缩,粉白色
谷蚜	体暗绿,有光泽	残缺,无光泽	干皱
高粱蚜	体浅黄,略有光泽	残缺或伤口溢液	皱缩,粉白色
棉铃虫卵	乳白色,馒头状,光亮	留卵壳痕,凹陷,半透明或变黑色	干瘪,不透明
玉米螟卵	白色,有光泽	破损	干瘪或脱落
粘虫1~2龄幼虫	活跃,略具光泽	破损,残缺不全	体完整,发软,不变色
棉铃虫1龄幼虫	灰色,略具光泽	体残缺,留下黑头或收缩变黑褐色	体完整,发软
玉米螟1龄幼虫	白色,触之动	破损	发软,触之不动

四、田间发生规律

9月下旬,小花蝽开始以交配后的雌成虫越冬,越冬场所是果树、行道树的树干裂缝、落叶层及土缝中,大田作物主要是在(北方)冬小麦田及种绿肥的田里。野外调查表明,东亚小花蝽3月下旬开始在苜蓿、杂草上零星出现,4月中旬越冬代小花蝽开始活动,5月中旬已能网捕到若虫和雄成虫。因小花蝽若虫和雄成虫均不能越冬,从而说明越冬代小花蝽4月中下旬开始产卵,到5月中下旬已繁殖1代。

小花蝽于早春首先在冬小麦田中活动,5月中旬陆续迁移至开花的土豆、菜豆、黄瓜和韭菜(蓟马较多)等田中活动,6

月上旬当棉花长至4～5片真叶时开始迁往棉田。小麦黄熟及收割时期大部分小花蝽向棉田迁移，使该种群在棉田中的数量大增，在棉田天敌群落中其数量仅次于草蛉，对2代棉铃虫起到控制作用。

中国农科院生物防治研究所1986～1987年在河北省定州市城关镇东朱谷大队调查，4月14日首次在冬小麦田中网捕到小花蝽成虫，4月中旬至5月中旬，小花蝽成虫只在麦田中零星发生。自5月20日起，小麦开始扬花，土豆、菜豆、黄瓜等作物陆续开花结实，各种害虫也相继发生为害。如小麦分蘖至圆秆期主要是麦叶蜂、中后期主要是长管蚜、缢管蚜等发生为害较为严重，麦长腿蜘蛛、粘虫等在局部田块发生较重；棉田苗期主要是棉蚜，蕾铃期主要是2代棉铃虫发生较重，局部地区有伏蚜和绿缘蝽为害；土豆上的害虫有菜缢管蚜、小绿叶蝉、三点盲蝽、绿盲蝽和烟蓟马；菜豆上的害虫种类较多，但发生为害较轻，主要种类有豆蚜、白翅小叶蝉、小绿叶蝉和三点盲蝽；韭菜田中主要是烟蓟马为害；黄瓜苗期以黄守瓜发生较重，开花结瓜时期则主要是白粉虱。小花蝽数量随各种作物的开花和害虫数量增长而迅速增加。

小麦田中的小花蝽于4月中旬开始活动，高峰期是5月25日至6月10日，50网的虫数为10～22.3头，最高峰在5月30日。在麦田中小花蝽主要以麦叶蜂、麦蚜、绿盲蝽、麦长腿蜘蛛和粘虫等为猎物。小花蝽在麦田中发生数量虽不多，但其发生期早，且麦田面积大，故麦田小花蝽的绝对数量比在任何其他一种作物上都多，是春夏作物的主要虫源。

小花蝽在黄瓜上数量增长最快，高峰期每10株虫数为42.8～109.3头，高峰期是6月7日至6月30日，最高峰在6月14日。在黄瓜上小花蝽除取食黄瓜花粉外，还以白粉虱、蓟马等为食。

土豆田中小花蝽的数量也较多，5 月 21 日首次发现成虫，5 天后数量猛增，高峰期是 5 月 26 日至 6 月 20 日，50 网的虫数为 24.3～86 头，最高峰在 6 月 14 日。在土豆田中小花蝽以土豆花粉、菜缢管蚜、绿盲蝽、小绿叶蝉等为食。

韭菜田中小花蝽数量较多，高峰期是 6 月 11 日至 6 月 24 日，50 网的网捕数为 24.3～76.5 头，最高峰在 6 月 20 日。在韭菜田中小花蝽主要以烟蓟马为食。

菜豆田中小花蝽数量较少，高峰期是 6 月 7 日至 6 月 20 日，50 网的网捕数为 11.5～45.8 头，最高峰在 6 月 14 日。在菜豆田中小花蝽主要以菜豆花粉、蓟马、叶蝉类及鳞翅目害虫卵和幼虫为食。

棉田中的小花蝽发生较晚，6 月 3 日开始出现成虫，高峰期是 6 月 20 日至 6 月 30 日，百株虫数为 52～62.7 头。在小麦黄熟和收割期间，棉田中的小花蝽数量增长最快。

调查还表明，麦田于 5 月 30 日，黄瓜田于 6 月 7 日，土豆、菜豆、韭菜等作物均于 6 月 11 日，棉田于 6 月 20 日首次出现若虫。由此推测，小花蝽首次迁移时间是 5 月下旬，小麦进入黄熟期和收割期，小花蝽大量迁往棉田。7 月上中旬是土豆收获、菜豆和黄瓜拉秧时期，这些作物上的小花蝽向棉田和其他夏作物上迁移，继续发挥防治害虫的作用。

第二节　饲料及其制备

小花蝽的饲料大体上有三类，即节肢动物类，如米蛾卵、米蛾成虫、朱砂叶螨、萝卜蚜、高粱蚜、黍缢管蚜、桃蚜、蓟马和赤眼蜂蛹等；植物类饲料，如花粉、花粉酥（市售商品，多种花粉的混合物）、嫩玉米；人工饲料，如人工制造的饲料卵、人工配制的液体饲料、啤酒酵母液、脱脂奶粉、鸡蛋液等。米蛾卵是饲养小花蝽很好的饲料，详细资料请参阅本书草蛉饲料部分。以下就赤眼蜂蛹、液体人工饲料及人工卵饲料的制备作一介绍。

一、赤眼蜂蛹

赤眼蜂的大量生产是从 20 世纪 80 年代开始的，当时广东省农科院植保所等单位研制了一套机械化大量生产工艺及半自动化配套机械。这套工艺利用的扩繁饲料是柞蚕卵，可分为 4 个工艺程序，即洗卵(柞蚕)干燥、粘卵、接蜂及卵卡寄生率测定。

(一)洗卵干燥

机械洗卵、脱除柞蚕卵面胶质、鳞片及蛾体肮脏杂物及脱水干燥等繁重劳动。机械主要分洗卵机、漂杂水槽及离心干燥机 3 部分。第一部分洗卵机总长 100 厘米，高 80 厘米，宽 53 厘米。盛卵洗擦箱长 100 厘米，高 80 厘米，宽 44 厘米，箱内主轴上安装有塑料擦或月形刀 21 把，3 行排列，每行 7 把。电机功率 800 瓦，转速1 450转/分，变速 200 转/分。第二部分为水盆与水槽，盛卵水盆长宽高均为 56 厘米，洗卵机中有 1 条 2 厘米口径的水管把卵送入盆内，水管通入盆内 27 厘米深处。盆底有一直径 3.8 厘米的圆形出口。蚕体鳞片及大型杂物则从盆面浮走，然后流入水槽排出。水槽长 300 厘米，宽 20 厘米，槽内每 100 厘米处有一闸，每闸在 8 厘米高处有一通水口，口长 11 厘米，宽 4 厘米。末端有一侧排水闸，水闸上有一直径 3.8 厘米的圆形出水口，作排水和将卵输入离心干燥机内用。第三部分蚕卵脱水干燥，采用三足式离心机工作，用洗衣机的离心干燥机改装，每次装卵量为 10～15 千克，转速1 000转/分，电机功率 2 800 瓦。

（二）粘　卵

机械代替人工涂胶自动粘成卵片。主要由装纸筒、胶液盘、落卵斗、收卵箔轴和变速箱5部分组成。全机长144厘米，高100厘米，宽80厘米，装纸部分由两对250轴承支撑着装纸杆，杆长67厘米，装纸规格57厘米。胶液盘上由3条互相转动的空心圆铁筒组成。长度同装纸杆，第一条紧贴胶盘，把胶液传带到印胶液轴上，此杆分7节，每节长6厘米，距离2厘米，另一轴把纸压贴于印胶液轴上，使纸均匀上胶。落卵斗为“V”字形，下有一分配轴，通过机械转动，使卵均匀落在粘胶上。收卵箔轴由一动力轴承支撑着收卵箔杆，长度同装纸轴，把已粘好蚕卵的纸箔同速地收卷。电机功率800瓦，转速1 450转/分，经变速每分钟19转。

（三）接　蜂

机械由卷寄主卵带轴、卷种蜂带轴、寄主卵与种蜂带联合收卷轴和变速箱4部分组成。全机长150厘米，宽86厘米，高86厘米，卷寄主卵带轴、卷种蜂带轴和联合收卷轴全长均为67厘米，收卵机的内径均为58厘米。卷种蜂带轴上有两个蝶形盘，内径6厘米，盘直径20厘米，作收放蜂种用。马达规格为单相220伏，功率120千瓦，转速1 450转/分，经变速19转/分。另有装种蜂木箱，架分两层，每层3隔，可装蜂轴4条，用玻璃门，可见蜂羽化情况。装已接蜂种的蜂卡轴木架分为6层，每层距离30厘米，可装接蜂轴7条，每架42条。

（四）卵卡寄生率测定

利用光电原理，即以恒定的光源在一定距离下照射光电池，光电池随之产生一定的电流，电流的大小与光的强弱成正比。在光电池与光源间放上寄生卵卡，由于卵卡随寄生率高低的不同而产生黑白颜色深浅的变化，所以反映到光电池上，光照度也随着变化，在仪表上可以根据实际数指出的卵粒寄生率刻成百分率。测定器主要用3个2DR50型硅光电池组成，直流电表44C2-A型，100毫安光源灯泡6伏，100毫安微型指示灯泡。

二、液体人工饲料

（一）配　方

啤酒酵母20克，蛋黄30克，蜂蜜20克，蔗糖10克，亚油酸0.9克，植物培养液100毫升，蒸馏水300毫升。植物培养液配方为：硝酸铜5.9克，硝酸钾2.5克，磷酸二氢钾0.7克，硫酸镁0.6克，柠檬酸铁5毫升，链霉素250毫升，蒸馏水5 000毫升。

（二）防腐技术

可用山梨酸和苯甲酸两种防腐剂，分别用95%乙醇配制成10%的原液，使用时再稀释成0.1%的使用浓度，其中以山梨酸的防腐效果较好。

（三）配　制

按上述配方，将原料混合均匀即可。

三、人工卵饲料

（一）配　方

人工卵配方与草蛉幼虫的人工饲料配方相同，即啤酒酵母自溶液104毫升，大豆酶水解液21毫升，鲜鸡蛋黄5克，蜂蜜10克，蔗糖5克，亚油酸0.45克。

（二）制备方法

啤酒酵母自溶液：将干酵母粉加4.5倍水置于50℃水浴中自溶6小时，用离心机离心15分钟（3 800转/分钟），取其上清液置于冰箱内结冰备用。大豆酶水解液：称取干大豆，洗净后加入4.5倍水，置于高压锅中加热处理（121℃，15分钟),取出待凉后,按大豆干重加入1.6%"1398"蛋白酶6万单位,用高速组织捣碎机(8 000~10 000转/分钟)捣碎3分钟,置于50℃恒温水浴中消化24小时,然后离心25分钟,取其上清液,置于冰箱内结冰备用。鲜鸡蛋黄:取鲜鸡蛋,两端各打一孔,流尽蛋白取用蛋黄。

将上述原料按饲料配方的比例混合,再用高速捣碎机搅拌1分钟。

(三)制　卵

用STQL-1型双套管气流式喷卵机喷制成人工卵。卵壳用切成片的石蜡(熔点50~52℃)和京二B酯为原料,京二B酯量为切片石蜡的3.9%。所喷制的人工卵,直径为798微米,卵壳厚度为16微米。为保持其新鲜起见,采取分批喷制,一般每隔5~7天喷制1次,置于-8℃冰箱内冷藏备用,饲喂时制成卵卡。

第三节　大量繁殖技术

一、产卵载体

在人工饲养和大量繁殖小花蝽的实践中,一个普遍的问题是寻找一种实用、廉价且能常年供应的产卵基质。对于小花蝽在不同植物及同一植物的不同部位产卵的研究已有较多报道。菜豆荚、苜蓿嫩芽、蚕豆叶柄、新鲜的玉米穗、新鲜玉米粒、玉米的苞皮、三叶草的叶片及花瓣等均可作为小花蝽的产卵载体。因为卵的孵化必须在相对湿度不低于70%的环境中进行,在这样的湿度条件下,这些物质很容易在卵的孵化尚未完成前就发霉变质,有时则是小花蝽1龄若虫被困于孢子丝或腐烂部位,因无法取食致死。用杀菌剂预处理也不能有效地防止霉菌的滋生。鉴于利用植物易产生霉菌且代价较高,因此寻找其他物质来替代很有意义。

Castanné & Zalom(1994)在大量饲养美洲小花蝽时成功地使用了一种人工产卵载体(或称为基质)。该物质是用氯化钾角叉藻盐(Carrageenan salt of potassium chloride)(Gelcarin GP812,Marine Colloeds)制备的。将这种角叉藻盐用热水调制成重量比为2%的胶体,然后在一张蜡纸上喷制成小胶粒。在80℃水浴锅中每100毫升水中熔有1.5克石蜡,将角叉藻盐胶粒在水浴锅中蘸一下,就制成包被了一薄层石蜡的胶粒。这种人工产卵基质可以装入密闭容器在冰箱内保存1周。与使用菜豆荚为载体相比,这种胶粒的雌虫每日产卵量、羽化出的成虫雌雄比例、卵孵化所需的时间、成虫羽化率等均无明显差异。

Richards & Schmidt(1996)将菜豆榨汁,与高强力的明胶制备成胶体,再切成2厘米长的圆柱形,外面用单层的拉展的帕拉膜(parafilm)包裹。美洲小花蝽可以在这种人工物质上产卵,但卵只进入干燥的帕拉膜,未进入湿润的胶体中,故卵不能孵化。他们还用拉展的帕拉膜卷成菜豆状的圆柱体,也截成2厘米长。美洲小花蝽可以在这种人工物质上产卵,但卵产于帕拉膜下,卵膜不能固定在最外层的帕拉膜上,故初孵若虫无法钻出帕拉膜,受困而死。

在饲养东亚小花蝽,可以借鉴Castanné & Zalom制作胶粒的方法,但因为不同的小花蝽种类对不同的挥发性气味、化学刺激物各有偏好,故其配方有待试验改进。目前,我们为东亚小花蝽提供的实用的产卵载体仍为植物。

东亚小花蝽在植物的组织内产卵,仅有卵盖露出植物表面。雌虫倾向于在叶片主脉及叶柄基部产卵,也即选择在分生活动不很强烈的组织内产卵。在人工大量繁殖小花蝽中,选用适宜的产卵植物，可以提高繁殖率，降低生产费用。

中国农科院周伟儒等人(1991)经筛选，以黄豆芽作为产卵植物，较之其他所报道的用连翘嫩梢、菜豆荚、迎春花嫩梢、黄荆嫩茎等简单，可在室内周年供应，耐冷藏，适用于室内大量繁殖使用。东亚小花蝽在其上产卵量大，卵孵化率高、成虫获得率高。

黄豆芽为室内用黄豆所发的芽，在有孔的塑料筐底部，铺3～5层纱布，将黄豆均匀撒在纱布上，再盖3层纱布，每天浇水保湿，室温20～25℃，3天后黄豆发芽至3厘米左右即可供试验用。

其技术要点是发黄豆芽时，必须注意勤冲洗，以免豆芽发霉变质或干死。室温过高则黄豆易腐烂变质，发芽率低；室温过低则发芽速度缓慢，占用空间增加。为提高发芽率，可用多菌灵浸泡黄豆5分钟后清水冲净晾干待用。所用纱布、器具经漂白粉消毒或高压灭菌后发芽效果更好。经这两项处理，发芽率由60%提高到80%。黄豆发芽至3厘米最适于作为小花蝽的产卵植物，过短则不便于操作，过长则黄豆芽偏老，小花蝽产卵量随黄豆芽长度增加而大大下降，不利于饲养用。当豆芽长至2～3厘米后，需移入冰箱贮存备用。

二、饲养器具

(一)成虫产卵器具的种类与设计

1. 罐头瓶　高10厘米，上口直径7厘米，无色透明，瓶口用纱巾和皮筋封口。

2. 产卵盒　盒分为透光室(A)和黑暗室(B)两部分，A室蒙尼龙细纱，B室用不透光材料制成。AB两室间悬挂黑布帘隔开。A室除底层(由硬性材料做成)外，上层与另三面均用尼龙纱围成，A室的外端用尼龙细纱作袖，以便放虫和换食，不用时扎口。B 室外端用黑布作袖，其余各面及上下层均用不透光材料制成。A 室透光透气，供饲养成虫用。B 室不透光，供取卵用，取卵前先将产有小花蝽卵的黄豆芽从 A 室移入 B 室，留存在黄豆芽植株上的小花蝽由于趋光性的原因将逐渐离开豆芽通过黑布帘周围的缝隙回到 A 室，10 小时后，再从 B 室中取出豆芽查卵，此时，豆芽上所存的小花蝽已寥寥无几，从而大大方便了取卵过程。

（二）若虫饲养器具的种类与设计

1. 小容器　罐头瓶（高 10 厘米，上口直径 7 厘米，无色透明），花盆（高 16 厘米，上口直径 22 厘米）。

2. 笼罩盆栽器　花盆高 16 厘米，口径 22 厘米，盆上用铁丝做纱罩的支撑架，外套纱罩，罩的上部留活的封口，用于投放猎物，罩的下部用皮筋封在盆口外。

3. 养虫箱　由长 50 厘米、宽 30 厘米、高 25 厘米的有机玻璃板制成。两侧面各挖有一直径 12 厘米的圆形洞口，放虫、取卵和换食等操作即在此洞口进行；外粘一内径 12 厘米、外径 14 厘米的圆环，便于用尼龙纱和橡皮筋将洞口封住。

三、饲养方法

针对不同的饲养阶段及饲养密度，分别用罐头瓶、花盆、自制养虫笼、自制养虫箱等作为群体饲养器具。饲养一般需在室温为 27℃，相对湿度为 70%左右，长光照（16 小时光照，8 小时黑暗）的养虫室内进行（小花蝽的生产流程见图 5）。

在一定的饲养容器内，随着饲养密度的增大，单雌产卵量呈下降趋势，当密度到一定程度时，单雌产卵量会急剧下降。

以罐头瓶为饲养器具，小花蝽雌成虫饲养密度以不超过 11 头/瓶为佳，此时，有卵株率为 100%、单株卵数为 23.8 粒、每雌产卵量为 26.8 粒，总产卵量为 295 粒/瓶，均为最高水平。

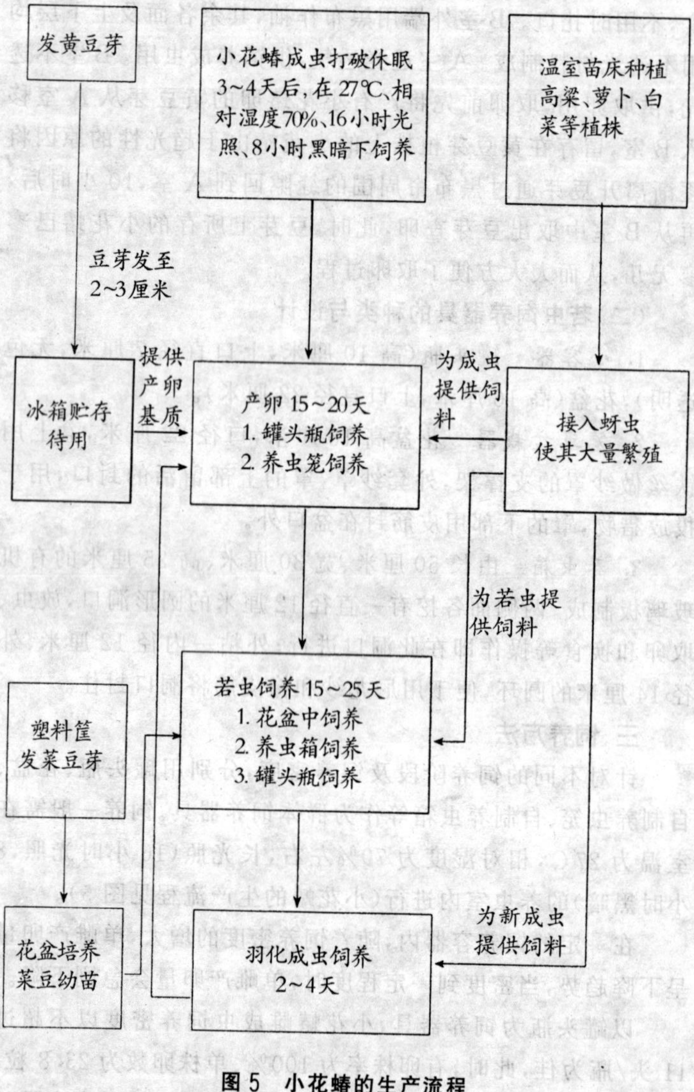
发黄豆芽
小花蝽成虫打破休眠3~4天后，在27℃、相对湿度70%、16小时光照、8小时黑暗下饲养
温室苗床种植高粱、萝卜、白菜等植株
豆芽发至2~3厘米
冰箱贮存待用
提供产卵基质
产卵15~20天
1. 罐头瓶饲养
2. 养虫笼饲养
为成虫提供饲料
接入蚜虫使其大量繁殖
为若虫提供饲料
塑料筐发菜豆芽
若虫饲养15~25天
1. 花盆中饲养
2. 养虫箱饲养
3. 罐头瓶饲养
花盆培养菜豆幼苗
羽化成虫饲养2~4天
为新成虫提供饲料

图5　小花蝽的生产流程

自制养虫笼的最佳饲养密度则为400头/盒。此时，有卵株率为95.3%、单株卵数为14.3粒、每雌产卵量为15.3粒，总产卵量为6 136粒/瓶，均为最高水平。

自制养虫笼与罐头瓶相比，在饲养小花蝽时，每雌产卵量有所下降，但最大养虫量可达400头左右，平均每天可获1 000多粒卵/盒。因此，自制养虫笼对于大量繁殖小花蝽具有一定的优越性和应用价值。

（二）饲养方法及管理

1. *成虫饲养及产卵* 在罐头瓶中放入11头已交配的小花蝽雌成虫，用尼龙纱和橡皮筋将瓶口扎紧。将12根黄豆芽插在装有潮湿沙土的小塑料杯（高4.2厘米，直径4厘米）内，然后将杯移入瓶内，供小花蝽产卵，每两天检查1次产卵量并更换黄豆芽。饲料一般每两天更换1次。瓶内还需放湿棉花球以不断供水。

在自制的养虫笼内以400头/笼的密度饲养小花蝽雌成虫，内放沙培黄豆芽150根（在3个高3.7厘米、直径12.5厘米的装有潮湿沙土的塑料盒内，每盒各插50根）供其产卵。笼内用湿棉花球或湿海绵供水。每2天更换1次饲料和黄豆芽。

2. *卵的孵化及若虫的饲养* 可在花盆、罐头瓶或自制的养虫箱中进行。

在花盆中栽菜豆6株，待长出3～4层复叶时，移栽近期产有小花蝽卵200～400枚的黄豆芽，接上蚜虫、葱蓟马或菜豆花作小花蝽饲料，从而保证孵化出的若虫有充足的饲料。然后用以铁丝作支架的尼龙纱罩罩住，纱罩下端紧扎在花盆口上，上端开口，以便观察小花蝽孵化和增添猎物。20天后检查小花蝽成虫的羽化数，计算成虫获得率。用此方法，卵的孵化率达80%～95%，成虫获得率50%以上。

在罐头瓶中移入近期产有小花蝽卵20枚左右的黄豆芽(在上述的小塑料杯中保湿),使黄豆芽继续生长,小花蝽卵得以发育、孵化。4天后加入饲料,以后每两天添加或更换1次饲料。20天后检查小花蝽的羽化情况。用此方法,成虫获得率80%以上。

在自制的养虫箱中移入近期产有小花蝽卵800～1 000枚的黄豆芽(在上述塑料盒中保湿)。4天后加入饲料,以后每2天添加或更换1次饲料。20天后检查小花蝽的羽化情况。用此方法,成虫获得率60%以上。

3. 卵的贮存　将产有卵的黄豆芽置于2～5℃冰箱内低温保藏。卵贮存9天以下,成虫获得率均在90%以上;卵冷藏至第十天,孵化率下降至75%;冷藏16天,成虫获得率50%左右;冷藏19天,成虫获得率保持在40%以上;冷藏20天,成虫获得率35%;冷藏超过22天,成虫获得率低于10%。

(三)不同饲料的饲喂效果及搭配使用

1. 昆虫饲料

在室内用蚜虫、叶螨、蓟马或新鲜米蛾卵饲养小花蝽,可以获得60%～90%的成虫,成虫获得率差异不显著。但用贮存过久的米蛾卵及米蛾成虫饲养,则成虫获得率仅为30%左右,与用新鲜米蛾卵饲养的效果差异显著,且若虫长势减弱,历期延长。

用上述昆虫饲料饲养小花蝽时,如果在羽化前8天左右喂以10%的蜂蜜稀释液,能提高由其发育的成虫的产卵率和产卵量。

以人工卵松毛虫赤眼蜂蛹作饲料可连代饲养东亚小花蝽,成虫获得率70%以上。因松毛虫赤眼蜂蛹有成品出售,以其作为小花蝽的饲料，可缓解小花蝽食量大而温室中蚜虫等天然饲料量不足的矛盾。以此为饲料，辅之以适量的花粉和蜂蜜（蜂蜜：水＝1：1），能提高饲养效果。

2. 植物性饲料　以蚜虫、蓟马、叶螨等天然饲料饲养东亚小花蝽虽成活率较高，但繁殖猎物工艺较繁，且需一定的饲养条件。采用嫩玉米粒饲喂小花蝽若虫，其成虫获得率（45%）仅为饲喂蚜虫的一半，但经济简便，有一定的实用价值，可作为饲养小花蝽的补充饲料。用花粉酥饲养小花蝽初孵若虫，小花蝽虽能发育，但成虫获得率较低（20%）。

3. 人工饲料

（1）人工卵：以人工卵饲养小花蝽初孵若虫，成虫获得率可达 80%。

（2）液体人工饲料：以液体人工饲料进行饲养（在 31 厘米×20 厘米的小白瓷盘的底部垫上一层细纱布，将喷制好的液体人工饲料倒人盘中，使营养液浸透纱布为止，勿过多或过少。然后将新鲜植物嫩叶放入盘中，叶片背面朝上，以此作为小花蝽栖息的载体。叶片及营养液每两天换 1 次。）其成虫收获率为 25%～40%，相当于用自然寄主蚜虫饲养的 80%，说明液体人工饲料基本能满足小花蝽生长发育的营养要求。但液体人工饲料对低龄若虫的饲养效果较差，因小花蝽比较活泼，善于爬行，取食时竭力寻找空隙钻入，故易被营养液粘死，对高龄若虫和成虫的饲养效果较好。用液体人工饲料培养出来的小花蝽，其单雌产卵量和卵的孵化率均明显低于用自然寄主蚜虫培养出来的成虫。这是因为产卵寄主植物在有营养液的器皿中易于霉变，不利于小花蝽成虫产卵和卵的孵化。除此之外，是否还有液体人工饲料的营养问题，有待深入研究。

（3）啤酒酵母液：单独用啤酒酵母液饲养小花蝽初孵若虫，仅获得不足20%的成虫。

（4）脱脂奶粉：单独用脱脂奶粉饲养小花蝽初孵若虫时，小花蝽虽能发育，但成虫获得率仅为20%。

（5）鸡蛋：单独用鸡蛋饲养的小花蝽初孵若虫，不能完成发育。

四、成虫的越冬保护和低温贮存

在秋冬季节（9月下旬至10月下旬），随着气温的降低及粮、棉、果、蔬的收获，各种害虫数量骤然下降，小花蝽也陆续越冬。在室内需进行小花蝽的保种工作，已经大量繁殖出来的小花蝽可供温室应用，或保护越冬，以保留大量虫源，供翌年春季繁殖、释放之用。

东亚小花蝽以交配或未交配的雌成虫越冬，交配或未交配的雄成虫和若虫均不能安全越冬。小花蝽越冬地土壤湿度对存活率有显著影响，土壤湿度增加，小花蝽越冬期间的存活率提高。在自然条件下，东亚小花蝽的越冬存活率偏低，因此有必要采取保护措施，对小花蝽越冬条件人为地加以控制，以提高其越冬存活率。

在自然条件下，越冬的小花蝽雌成虫在春季气温回升后开始活动，死亡率即较快上升。如移入低温贮存，可延长其存活期。

采用高7.5厘米、直径11.5厘米的塑料贮存容器，顶盖用打孔器均匀地打5个直径为0.5厘米的小孔，供透气和加水用，孔口用粘合剂将直径大于0.5厘米的180目尼龙纱网粘住，防止小花蝽逃跑。

在每个贮存容器中装入230克经高温干燥的灭菌沙土，加入46克蒸馏水，使土壤含水量达到20%，再在沙土表面平铺2克脱脂棉。

每容器内放入30头小花蝽雌成虫。将所有容器放入室外的养虫笼内。以后每周加1次水，使各容器内沙土的含水量大致保持不变。

翌年3月中旬检查小花蝽越冬存活情况，平均存活率不低于80%，最高可达93.33%。也可用高16厘米、上口直径为22厘米的花盆，内栽入4株菜豆，外罩尼龙纱罩，半埋入室外地下。每盆放入小花蝽雌成虫150～200头，同时在花盆中放上玉米或杨树等其他植物的枯枝落叶，供小花蝽栖息之用，并投放大量蚜虫，以便未进入休眠的小花蝽有充足的食料。以后每周都在花盆外适量浇水，使花盆内表土能够始终保持湿润。翌年3月中旬检查小花蝽越冬存活情况，平均存活率20%左右。

3月中旬，将越冬后的雌成虫移入7℃的冰箱中贮存。到5月中旬，在室外自然条件下贮存的小花蝽雌成虫由于气温升高，已全部死亡，而转入冰箱的雌成虫存活率大于50%。华北地区冬季普遍干旱，无疑对小花蝽的越冬极为不利，从而影响其春季种群数量。冬季应在大田和果园中适当灌溉，以增加表土湿度，使小花蝽野外越冬场所不致过分干燥，来保护小花蝽，提高其越冬存活率，使其翌年早春发生数量有所增加。果园还可以种植覆盖植物，减少土壤水分蒸发量，以创造小花蝽适宜的越冬条件。

采用低温贮存越冬后小花蝽的方法，可以调节田间小花蝽的释放适期，解决初春复苏的小花蝽因食料不足而导致大量死亡的难题。

五、控制休眠

将室外冬贮成虫取出，放入饲养容器，并提高黄豆芽和蚜虫密度，分别供小花蝽产卵和取食用。在27℃、相对湿度为70%、24小时光照条件下饲养3～4天后，小花蝽即开始产卵。随着越冬时间的延长，打破休眠所需的时间有逐渐减少的趋势，但差异性不显著。由此可见，在冬季可随时取出越冬的小花蝽成虫，打破其休眠，进行饲养繁殖，为实验或早春释放提供充足的虫源。

随着越冬时间的延长，小花蝽的生殖力逐渐减弱，无论是单雌产卵量、每雌日产卵量还是所产卵的孵化率均呈下降趋势，但差异性不显著。

打破休眠的时间早晚对小花蝽的产卵过程无明显影响，小花蝽产卵高峰期大约都出现在产卵开始后的第四天，此外，雌虫产下50%的卵量所需时间基本一致，约为7天。

六、冷　藏

小花蝽各虫态均可在25℃冰箱内进行冷藏。产在黄豆芽上的卵放进带盖容器直接置于冰箱内，成虫、若虫的冷藏采用上述越冬贮存塑料容器的方法。卵的保藏时间越短，成虫获得率越高，冷藏时间以半个月左右为宜，取出后在养虫室饲养，成虫获得率仍高于50%；1龄若虫不耐冷藏，低温时全部死亡；高龄若虫以5龄若虫较为适宜，经冷藏15天后才开始死亡。成虫冷藏15天后死亡加速。

第四节　释放应用及其效果

小花蝽具有发生期长，数量大，世代历期长，成虫寿命长，繁殖力高，食性广，捕食量大，活动能力强等优点，能有效地控制多种害虫，有很高的利用价值。在欧洲，小花蝽已形成商品化生产，用来防治温室蔬菜上的西方花蓟马和葱蓟马。但其商品化的小花蝽种类主要为O. laevigatus、O. majusculus 等，这些种类在我国没有分布。我国小花蝽的种类丰富，主要是东亚小花蝽、微小花蝽、南方小花蝽，这些种类是优良的捕食性天敌。因此，可以在完善我国人工大量繁殖技术的基础上，直接开发和充分利用这些本土天敌资源。

一、释放虫态及适期

一般释放卵态，将带有小花蝽卵的黄豆芽移入蔬菜温室或果园，蝽卵的孵化率达 80%～95%，成虫获得率 50%以上。如果卵孵化后，动物性饲料短缺，孵化出的小花蝽若虫还可以植物汁液、花粉为食物，成虫获得率有所下降，但差异不显著。

小花蝽的食料范围广泛，抗逆性强（耐低温、抗高温），故小花蝽卵的释放时期可以不受害虫发生的多寡所决定，只要田间的温度、湿度适合小花蝽的生长发育，即可进行释放。

二、释放方法

小花蝽卵的释放方法有两种：一种方法是将带卵的黄豆芽直接栽在土壤里；另一种方法是用脱脂棉包裹带卵的黄豆芽根部，浸湿后再用帕拉膜（parafilm）缠住脱脂棉，然后将黄豆芽挂在枝条上。

释放方法对孵化率有显著影响。释放在枝条上的小花蝽卵的孵化率明显低于释放在地面上的孵化率。其主要原因是释放在地面上时，豆芽可以正常生长，有利于卵的孵化；若将有卵豆芽放在枝条上，则因水分不足，不利于豆芽生长，从而使卵的孵化率降低。因此，田间释放小花蝽卵时应以地面释放为主，枝条上释放为辅。释放点之间距离以 20 米为宜。

产在黄豆芽上的小花蝽卵便于贮存，易于携带、运输和田间释放，但要注意黄豆芽的保湿保鲜，以提高移栽黄豆芽后小花蝽卵的孵化率，提高释放应用效果。

三、释放量及效果

在温室高大作物上应用小花蝽，每平方米释放 20～30 头，虫害重度发生时可增加到 50～60 头。国外当蓟马等害虫密度尚低时，在每株辣椒上释放 1～2 头小花蝽就可有效地控制蓟马危害达数月之久(Chambers et al，1993)。在果园，以保护利用为主，在田间数量不足时，每株苹果树释放 200 粒卵，对叶螨和蚜虫均有较好防治效果。

(本章由郭建英、周伟儒、万方浩编著)

第五章　中华草蛉的大量饲养与应用技术

第一节　概　述

一、研究与应用现状

中华草蛉(*Chrysoperla sinica*)，俗称草青蛉，是农田常见的天敌昆虫，在分类系统中，隶属于脉翅目草蛉科。中华草蛉可以捕食蚜虫、粉虱、叶螨以及多种鳞翅目害虫，其田间自然种群大，抗逆及捕食能力强，世代历期短，宜于室内人工饲养，在害虫生物防治上具有重要的利用价值。已知中华草蛉分布于我国的黑龙江、吉林、辽宁、河北、北京、陕西、山西、山东、河南、湖北、湖南、四川、江苏、上海、安徽、江西、广东以及云南等地。

草蛉的研究历史悠久，国外于20世纪20年代始见研究报道，60年代开始在害虫防治中应用。例如，美国1968年在德克萨斯州、加利福尼亚州，应用草蛉防治棉花夜蛾，连续五年获得成功。70年代，草蛉在欧美许多国家的应用已相当普遍，在许多作物上的应用都获得了成功。例如，苏联1971年在温室用草蛉防治蔬菜害虫，防治效果十分显著。20世纪80年代，美国、荷兰、加拿大等国实现了草蛉的商品化生产和田间大面积推广应用。我国对草蛉的系统研究从70年代中期开始，中国农业科学院等一批科研、教学和基层单位，对草蛉的种类、分布、生物学特性及田间发生规律进行了大量的调查和研究，在人工饲料及饲养方法方面也做了探索，研制了草蛉人工饲料卵的加工机械及人工饲料配方，为草蛉的大量饲养和大面积应用创造了有利条件。在田间应用方面,80 年代的进展很快,首先是在利用草蛉防治棉花棉铃虫、棉小造桥虫、棉叶螨和棉蚜上取得成绩,后来又在防治玉米螟、山楂叶螨、橘全爪螨、白粉虱以及多种蚜虫上也取得成功,有效降低了化学农药的用量和农产品的农药残留,取得了显著的经济效益、社会效益和环境效益。90 年代,草蛉研究与应用工作一度进展较慢,人们把主要的力量集中于发展微生物农药如 B.t. 乳剂、农用抗生素等,但近年来随着绿色食品在中国的迅速发展,以及害虫对生物农药产生抗性等问题,使得人们对草蛉的利用重新引起重视。目前中国农科院生物防治研究所对草蛉的生产技术正在改进、完善和进一步研究。

二、形态特征

成虫体长 9～10 毫米,前翅长 13～14 毫米,后翅长 11～12 毫米,翅展 30～31 毫米。体黄绿色。胸部和腹部背面两侧淡绿色,中央有黄色纵带。头部淡黄色,颊斑和唇基斑各 1 对,黑色,但大部分个体每侧的颊斑与唇基斑连结成条状。下颚须和下唇暗褐色。触角比前翅短,呈灰黄色,基部两节与头部同色。翅窄长,端部较尖,翅脉黄绿色,前缘横脉的下端,径横脉的基部、内阶脉和外径脉均为黑色,翅基部的横脉也多为黑色。翅脉上有黑色短毛。足黄绿色,跗节黄褐色。

幼虫呈纺锤形,但龄期不同其特征有很大差异。

1 龄幼虫:体长 1.5～1.8 毫米。初孵出时胸部浅红色,腹部前 4 节红褐色,后 6 节黄色,以后变成红棕色。头部有两个"V"字形黑纹,前胸背板有"W"字形黑纹。前胸侧瘤上有刚毛 2 根,中、后胸侧瘤上有刚毛 3 根,腹部 1～8 节侧瘤上有刚毛 2 根。

2 龄幼虫:体长 4.5～4.9 毫米。体灰绿色,背线细,两侧有褐色带。头部有倒“八”字形纹。前胸背板上有“H”字形褐色斑纹。

3龄幼虫:体长7.2～8.5毫米。体黄绿色,背面和气门上线红褐色。头部有褐色倒“八”字形纹,头两侧过单眼到上下颚有褐色纹通过。各侧瘤上均有刚毛多根。

蛹茧白色,长3～4毫米,宽2.5～3.2毫米,茧表面光滑无杂物。

卵粒呈椭圆形,长0.7～0.95毫米,宽0.32～0.38毫米,初产时绿色,近孵化时褐色。丝柄白色,长3～4毫米。单粒散产于植物上,多在叶背。

三、生物学特性

(一)虫态历期

虫态历期的长短受温度的影响较大。温度为15～32℃时,发育历期随温度升高而缩短(表12)。

表12 不同温度下中华草蛉的发育历期

(赵敬钊,1976～1981)

温度(℃)	卵期(天)	幼虫期(天)	蛹期(天)	总计(天)
15	14.04	37.38	32.05	83.47
20	7.41	14.20	15.68	37.29
25	3.60	8.41	9.20	21.21
28	3.40	7.06	7.23	17.69
30	3.00	7.05	7.06	17.11
32	2.90	6.26	7.20	16.36
34	2.83	6.79	7.11	16.73

各虫期发育起点温度及有效积温对提供适合的饲养条件

有重要作用。卵期发育起点温度为 10.8℃，1 龄幼虫为 11.8℃，2 龄幼虫为 10.03℃，3 龄幼虫为 11.08℃，蛹期为 10.3℃。卵期发育有效积温为 60.7 日度；1 龄幼虫为 46.3 日度；2 龄幼虫为 38.4 日度；3 龄幼虫为 45.5 日度；蛹期为 148.2 日度。

（二）发生世代

中华草蛉在我国以成虫越冬。其越冬场所和栖息植物较为广泛。在湖北省，可以在女贞、竹、油菜、小麦、苕子、茶树、蚕豆、豌豆等植物上越冬；在北京地区，可在背风向阳山坡上的杂草及落叶内越冬。

北京地区，10 月下旬可见到越冬成虫。越冬时，虫体颜色由绿色变为黄绿色再变为褐色，最后变为土黄色。体色由绿变黄是越冬的标志。成虫一般在植物的叶背、根隙或杂草丛内越冬。如果此时气温上升到 10℃以上，并有阳光，成虫就可活动，但不能产卵。翌年春季中华草蛉活动较早，体色由土黄色逐渐变为绿色。成虫寿命较长，交尾后在整个生活过程中可连续产卵，有世代重叠现象。

中华草蛉在山西省阳城县，1 年发生 5 代；在陕西省关中地区和河南省民权县 1 年发生 5～6 代；在山东省泰安 1 年发生 4 代；在湖北省武汉 1 年可发生 6 代。

（三）交尾和产卵

草蛉刚羽化的成虫必须经过补充营养才能达到性成熟而交尾。越冬代成虫，一般在越冬前不交尾，到翌年春天进行交尾。中华草蛉成虫多在晚上 17～23 时交尾，以 20～21 时交尾为多，每次历时 3～5 分钟，一次交尾可终生产受精卵。因此，在人工饲养时，可以淘汰交尾后的雄虫。

未交尾的雌虫亦可产少量的未受精卵，未受精卵始终保持绿色，不能孵化。中华草蛉雌虫的产卵前期在25～30℃条件下为3～8天，一般5天左右。雌虫自开始产卵后，除个别情况外，每天均可连续产卵。日产卵量在20～30粒之间。因此，一生的总产卵量与寿命的长短有关。1头雌虫的最高产卵量可达1 400粒以上，平均在700～800粒左右。在产卵末期或营养不良时，雌虫可产无柄卵或未受精卵，无柄卵可以孵化，而未受精卵则不能孵化。产卵时间多集中在19～23时，其他时间也可产少量卵。卵为单粒散产。中华草蛉雌虫对产卵场所有一定选择性，一般把卵产在蚜虫比较多的地方，这可保证幼虫孵化后就能够得到充足的食料，对种群的延续有积极意义。

中华草蛉雌虫产卵量的多少与食物、寿命和光照有一定的关系。在我国西北地区，在24小时光照下，10天内的产卵量，比14小时光照下的产卵量多18.9%，比在全黑暗条件下多33.1%。因此，在人工饲养时可以采取延长光照的办法来适当提高产卵量。

（四）捕食能力

中华草蛉成虫捕食叶螨及鳞翅目害虫的卵，也可取食花粉、花蜜，因此对叶螨及鳞翅目害虫有一定的控制作用，但不嗜好蚜虫（幼虫则喜食蚜虫），对蚜虫的作用不大。

中华草蛉幼虫活动能力很强，3龄幼虫在28℃条件下，1小时可爬行60余米。捕食范围也很广，可捕食多种植物上的多种蚜虫，这些植物包括小麦、蚕豆、棉花、苕子、白菜、油菜、四季豆、高粱、玉米、桃、梨、刺槐、白杨、竹、苦楝等。它也可捕食棉花、蔬菜、果树和森林中多种植物上的叶螨，捕食多种粉虱，如梧桐树上的粉虱、蔬菜上的白粉虱。它还可捕食多种鳞翅目昆虫的卵和初孵幼虫，如地老虎、棉铃虫、斜纹夜蛾、造桥虫等。

中华草蛉幼虫对各种害虫的捕食量随着龄期的增长而增大。每日捕食的害虫量如表 13 所示，可供在饲养和投放饲料时参考。

表 13 中华草蛉幼虫的捕食能力

（赵敬钊，1975）

猎物名称	逐日（天）的捕食量（头）												总捕食量
	1	2	3	4	5	6	7	8	9	10	11	12	
棉 蚜	9	15	18	41	40	60	88	122	120	—	—	—	513
棉铃虫卵	8	14	11	19	21	45	79	119	—	—	—	—	316
棉红蜘蛛	48	50	62	64	79	105	112	110	150	165	155	230	1330

中华草蛉幼虫对橘全爪螨（*Panonychus citri*）的捕食量在整个幼虫期为 1 013～2 381 头，平均为 1 435.1 头；对麦蚜的捕食量为 71～165 头，平均 138.8 头；对橘蚜的捕食量为 164～673 头，平均 349 头。

中华草蛉对猎物有较强的选择性。当棉蚜与棉铃虫卵可供选择时，草蛉幼虫对棉蚜表现出明显的选择性。在棉铃虫卵与初龄幼虫可供选择时，草蛉表现出显著的喜食棉铃虫卵。在棉蚜、棉铃虫与棉铃虫初孵幼虫 3 种猎物间，可见草蛉幼虫最喜食棉蚜，次为棉铃虫卵，再次为棉铃虫初龄幼虫。

（五）结茧、羽化和寿命

快要结茧的幼虫，一般有停止取食寻找结茧场所的过程，大约需2～4 小时。在自然情况下，幼虫选择树皮下、叶缘的凹陷处等比较隐蔽的地方，这样选择对避免日晒和敌害有积极的意义。

中华草蛉虽然在白天可以羽化，但以在夜晚羽化的为多。

出茧的蛹在茧壳附近爬行一段时间即蜕皮变为成虫。成虫有趋光性,成虫的活动盛期时在傍晚 17～21 时,白天伏在植物叶背,不大活动。

成虫寿命的长短与温度、性别及食物等因素有关。具有低温和良好食物,寿命就长;反之,高温、食物不良则寿命就短。雌虫寿命长于雄虫,其平均寿命在春秋季一般为 50～60 天,夏季为 30～40 天。

四、发生规律

中华草蛉以成虫越冬。在长江流域,中华草蛉是早春农田里活动较早的一种草蛉,对棉田中、后期害虫具有较大的自然控制作用;在我国南方如广东等省,其田间种群数量较低,对害虫的自然控制作用不大。

(一)长江流域

在湖北省,夏季收获后的蚕豆和小麦田是中华草蛉越冬的主要场所之一,在这些作物的整个生长期内,均有草蛉存在。3 月份以前,主要是越冬成虫,对麦田的主要害虫(麦蚜)控制作用不大。3 月份以后,越冬成虫开始产卵,田间出现幼虫,4 月份至 5 月份为第一代幼虫盛期,对蚕豆田内的蚜虫、麦蚜等害虫有一定的控制作用。以后随着豆、麦的黄熟和收割,产卵即转入棉花、高粱、玉米及黄豆田内。

随着麦子的收割、棉花出土和棉蚜的发生,第一代草蛉成虫进入棉田增殖扩大种群数量,种群数量逐渐增多,在 7 月中旬至 9 月中旬成为棉田内主要蛉种,其种群数量约占草蛉总量的 60%～80%。在湖北省棉花的整个生育期内,共出现 4 个高峰,即 7 月上旬、7 月下旬、8 月中旬和 9 月上旬。这 4 个高峰正好与棉铃虫、棉小造桥虫和金刚钻 2～5 代、棉红铃虫 1～3 代的盛卵期和初孵幼虫期相吻合,对控制棉田中、后期棉虫的危害具有相当大的作用。

中华草蛉在棉田内种群数量的变动，与多种因素有关。一般害虫种群大的、棉花长势好的、周围作物相（指种类和品种）比较复杂的以及施化学农药少的田块，其数量要多于害虫发生少、棉花长势差、作物相单一和施药多的棉田，其中以施农药的多少影响最大。

（二）黄河流域

7月份以后，棉田中中华草蛉的数量最多，是该地区的优势种。如陕西省关中地区棉田，在7～8月份以中华草蛉的种群数量最多；山东省鲁西棉田在7月上旬，中华草蛉占总草蛉量（当地发生多种草蛉）的66.4%，8月份占75.5%，9月下旬至10月上旬占78.9%。在自然情况下，棉田中后期发生数量最大，对控制棉花中、后期害虫的发生起着重要的作用。

（三）华北地区

北京地区，成虫于4月下旬在麦田始见，在果园于5月上旬始见。6月上旬之前，中华草蛉在田间始终处于零星发生状态，6月中旬出现羽化小高峰，其后成虫数量迅速增加。在7月中旬和8月中旬出现两次显著高峰。在9月上中旬，中华草蛉成虫的主要活动和栖息场所是在有蚜虫、粉虱的玉米、高粱、菜豆、白菜、棉花、大豆及杂草上。9月中旬以后，大田作物陆续收割，越冬代成虫大量转移到晚熟玉米、晚熟水稻和白菜等晚熟作物上。10月下旬，田间已无生长作物，但在农田附近的灌木及杂草丛生的山中，仍可见到越冬型中华草蛉成虫，11月中旬以后草蛉转入越冬场所越冬（王韧等，1981）。

第二节　饲料的制备

用于饲养草蛉效果较好的饲料有蚜虫、蜂儿、米蛾卵、麦蛾卵以及一些人工饲料。这几种饲料在应用上各有其优缺点，可因地制宜，选择其一或多种配合使用。

一、蚜　虫

（一）利用自然界蚜虫

蚜虫是中华草蛉幼虫的较好饲料。在室内饲养草蛉，蚜虫是必要的饲料。用蚜虫饲养中华草蛉幼虫，其个体发育均正常，历期均较以其他饲料饲养的短，取食行为正常，饲养效果好。中国农科院生物防治研究所曾用500毫升的果酱瓶群体饲养中华草蛉、丽草蛉和大草蛉的幼虫，在变温和定温两种不同条件下进行饲养，结果表明，以蚜虫做饲料时，这3种草蛉幼虫的成活率和羽化率都比较高。

蚜虫的种类很多，不同种的蚜虫对草蛉的个体发育有影响。在选择蚜虫时应尽可能选草蛉最嗜好的种类。采集饲料时，应根据当地植物或作物栽培及气候的情况，了解各种植物上蚜虫出现的时间，制定采集计划。例如，在湖北省，3月份蚜虫主要在油菜、蚕豆、苕子、竹、梨、桃等植物上；4月份主要在油菜、蚕豆、苕子、麦、木槿、柳树、竹、小蓟、菊科等植物上；5月份主要在蚕豆、小麦、刺槐、木槿、竹、菊科等植物上；6～7月份主要在棉花、玉米、高粱、桃、梨等植物上；8～9月份主要在棉花、玉米、豇豆、瓜类等植物上；冬季主要在蔬菜上，如大白菜等。

（二）利用植物人工繁殖蚜虫

单靠自然界蚜虫供给的饲养工作很被动，因为自然蚜虫受气候影响很大，如一连几天暴雨会使蚜虫数量突然降低到难以采到，冬季蚜虫的来源也有限。为了饲养工作的主动，应适当地人工繁殖蚜虫。

人工繁殖蚜虫方法可以根据需要，在不同季节种植一定面积的植物，并进行人工接种蚜虫繁殖。有条件的地方，可以利用温室繁殖蚜虫，这样可以避免不适气候对蚜虫的影响。如冬季，可以在田间设置简易温室，也可利用苗床。室内的温度以20～25℃、光照在18小时以上为宜。在温室内种植易长蚜虫的植物，如菜豆、萝卜、白菜、甘蓝、烟叶、棉花等，然后在植株上接种蚜虫进行繁殖。在接种蚜虫时，注意不要把蚜虫的天敌如蚜茧蜂、瓢虫、草蛉、蜘蛛及食蚜蝇等带入，或设障阻止蚜虫天敌进入。若发现蚜虫天敌，应及时采取杀灭措施。

二、蜂 儿

蜂儿即指蜜蜂雄蜂的幼虫和蛹，是养蜂业的产品之一。利用蜂儿饲养草蛉幼虫效果良好，其成茧率与用蚜虫饲养相当，一般为60%左右，羽化率为70%～80%。

（一）来 源

生产蜂儿需无病虫害的强壮蜂群。主蜂王产未受精卵较多，可用来专门生产雄蜂卵，把巢箱用框区隔王板在箱一侧隔出一个3框小区中间加一个雄蜂脾，两侧各放一个蜜粉脾，将蜂王控制在小区内产1天卵，24小时后将雄蜂脾提出，放哺育群哺育。

采收方法，7～8日龄雄蜂幼虫体小，卧于巢底，巢房尚未封盖，可采用高效气流或水流将幼虫吹出。10日龄幼虫几乎占据整个巢房，还没有理想的采收方法，将9日幼虫脾放在室温下，幼虫能自己爬出。20～22日龄蛹采收可平端蛹脾，用木棒敲打框梁四周，把蛹震落到房底，用利刀割去房盖，再使房口朝下，用棒敲打四周框梁，把蛹震落在纱布上（请参阅金盾版《养蜂技术》第二版）。

（二）保 存

保存方法有活体保存和干粉贮存两种。其中以活体保存为好，整脾活体保存可维持25～30天。夏季，为了防止蜂儿腐败变质，可采用表面消毒的办法，用高锰酸钾或甲醛熏蒸，使蜂儿在较长时间内不变质，可以大大提高蜂儿的利用率。用蜂儿制成干粉进行饲养和保存时，其方法有两种：一是将鲜蜂儿用冷冻干燥保存；二是将鲜蜂儿放在烘箱内烘干，碾成粉末备用。后者简便，但效果不如前者。

三、米　蛾

可用一些仓库害虫的卵来繁殖多种天敌如草蛉、赤眼蜂等。我国主要利用米糠、麦麸饲养米蛾，再以米蛾卵为饲料生产天敌昆虫。国外做法有所不同，多采用麦蛾（*Sitotroga cerealella* Olivier）卵饲养天敌昆虫。

（一）饲养米蛾的基本条件

1. 温湿度条件

（1）米蛾生长对温湿度的要求：米蛾是喜高温和高湿的昆虫。温湿度不仅影响米蛾繁殖的速度，还能影响其生存。北方室内冬季如不加温和提高湿度，米蛾就难于存活。在干旱季节，气温虽适宜，但因湿度过低，米蛾也不能生存。所以饲养米蛾，特别是冬季和干燥季节，必须人工提供合适的温湿度条件。

米蛾饲养室的温度，一般要求达到27～28℃，相对湿度控制在70%～75%。虽然80%以上的湿度对米蛾繁殖更为有利，但由于湿度过高容易发生粉螨，影响繁殖工作，因此必须十分注意严格控制湿度。降低湿度是控制螨类危害的有效办法。

（2）饲养室的建设要求：在农村可以利用一些简易房屋饲养米蛾，但需适当改造，使它成为保温保湿的饲养室。简易房屋改建时注意要点：①加厚墙壁，特别是北墙。②饲养室需两间房，内室养米蛾，外室为工作室。米蛾室的门不要直接通屋外，应开侧门通过外室进出，这样容易保持温湿度。③南窗改为双层窗。北墙开一小窗，供潮湿季节通风降湿之用。冬季可将北窗封死，以利保温。窗户上要安装细纱网，以防米蛾飞出和外面天敌及其他害虫进入。④用保温材料和塑料布做顶棚，塑料布钉在最下面。顶棚不宜太高，以2米为宜，这样便于捕蛾和保持温湿度。⑤饲养室要注意防鼠、防雀、防虫（仓虫、蚂蚁及米蛾天敌）入侵。

（3）控制温湿度的方法：室内温度控制方法：农村可在饲养室外室生煤炉，热气通过烟囱导入米蛾饲养室，严冬季节室温保持在25℃以上，米蛾和草蛉繁殖正常；或在饲养室内生一蜂窝煤炉，辅以电炉，能保证27℃的恒温。条件好的地方，可用电炉与电子温度自动控制仪连接，达到自动控制的效果，以保证饲养室温度相当稳定。

室内湿度的控制方法：农村可以采用地面泼水和炉火上烧水提高湿度及开窗户降湿等简易措施，但其控制效果不太好。有条件的地方，可安装湿度自动控制的设备，如触点式湿球温度计、继电器、水箱、电热管，或安装电子湿度探头、电子继电器、超声波加湿器及除湿器等，其效果较好。

2. 饲料配制要求　米蛾的饲料，可以因地制宜。我国南方地区主要用米糠，北方地区主要用麦麸。以麦麸为主的饲料中，如增加少量的大豆粉，其饲养效果更好。补充各种饼肥粉也有增效作用。

（1）营养含量：饲料的不同配方，其营养有较大差别，对米蛾繁殖有较大影响。例如，完全麦麸（含10%面粉）、麦麸（含5%面粉）和大豆粉3种饲料的饲养效果显示，成虫羽化总数、成蛾率、平均每头雌蛾产卵数和产卵总数，均以麦麸加面粉和大豆粉的为最高，麦麸加面粉的次之，完全麦麸的最低。加面粉和大豆粉的比完全麦麸的成虫羽化总数增加37%，成蛾率提高9.4%，雌蛾平均产卵量增加22.5%，产卵总数增加80.8%。在麦麸中加面粉虽然也对米蛾繁殖有利，但远不如加大豆粉明显。这说明，蛋白质含量高的饲料，对米蛾繁殖有良好的作用。

另有实验表明，用养过1次米蛾的饲料再养米蛾，成蛾率大为降低，甚至不出蛾。在旧饲料中增加补充营养物，成蛾率有所提高，但不如新麦麸。

(2)饲料水分：养米蛾的饲料须含有适当的水分，一般以含水15%左右为宜。如不足，应给予补充，以利米蛾的繁殖。南部地区饲养米蛾，如果当地气候潮湿，可不在饲料中加水。加水的多少，可以根据饲料本身的含水量、消毒的方法和季节的干湿等情况而定。采用高温干燥法消毒的饲料，可以加水10%～15%。如用笼屉或高压灭菌锅等蒸汽消毒法，则除原来饲料中的水分外，在消毒过程中又吸入了新的水分（笼屉蒸15分钟约吸水3%～4%），所以加水量可以酌减为3%～6%。

加水时，将一定量的水倒入麦麸中，搅拌均匀即可。如在麦麸中加补充营养物（玉米面、高粱细糠、大豆粉等）的，应先将麦麸与水拌匀，然后撒上补充营养物，再搅拌均匀。农村用土法加工补充的营养物，应研细过筛，因为米蛾不能很好地利用粗大颗粒。

(3)饲料配方：麦麸45千克，粮食细粉（玉米、高粱细糠、面粉）2.5千克，大豆粉（或其他蛋白质含量高的饲料）2.5千克，每50千克干饲料加水5～7.5千克。该配方在华北地区饲养米蛾效果较好，各地可以因地制宜，适当调整配方。

(4)饲料的利用率:用竹匾装饲料1千克,接米蛾卵3 000粒,成蛾率34%,得成虫约1 000头,消耗饲料420～470克。每养出1头成虫,平均消耗饲料0.45克。大量饲养试验结果证明,用50千克饲料饲养米蛾后,一般可收剩余的饲料25千克以上。残余的饲料,可用来饲养牲畜、家禽、养鱼或作其他用途。

(二)饲养方法和步骤

1. 饲料消毒

适于繁殖米蛾的饲养室,也是其他仓库害虫和螨类滋生的良好场所。没有经过消毒的饲料,往往在米蛾饲养过程中,其他仓虫也大量繁殖,消耗饲料,影响米蛾繁殖,所以饲料必须严格消毒。

消毒灭虫的方法,应根据具体情况,因地制宜。农村可以将饲料放在笼屉中,利用蒸汽消毒。一般蒸20分钟,达到60℃即能灭虫。也可利用高压灭菌锅或鼓风干燥箱消毒。大规模饲养工作,可以考虑用化学熏蒸(如磷化铝,敌敌畏等,用磷化铝时应严格按照剧毒药品的操作规程进行)饲料,然后贮存备用。

消毒过的饲料,不要暴露在外面,应保存在害虫不能侵入的容器或房间内。养过米蛾的饲料要很快搬出饲养室处理。室内保持清洁,养虫用具要经常清洗。

2. 小瓶接种孵化　小瓶一般用容积500毫升的玻璃罐头瓶。小瓶装饲料100克,将米蛾卵3 000粒,均匀地撒在饲料表面(米蛾卵可以用自制的细玻璃管量筒来量),移入饲养室中培养。在室温27～28℃,湿度70%～75%的条件下,米蛾卵3天就能孵化。接卵后7～10天,米蛾幼虫逐渐长大,这时应转入大盘中饲养。为了保持米蛾卵的生产量相对稳定,应分期分批地接种。

3. 大盘饲养幼虫　大盘一般用竹编的用具(竹匾、簸箕)或木框盒，直径以45～55厘米为宜，高度不要超过8厘米。直径45厘米的竹匾可装饲料1千克，55厘米的可装2千克，按每千克饲料接卵3 000粒的标准接种。先在竹匾中铺1层报纸再倒上饲料，使米蛾结茧时附在纸上，而不粘在竹匾上。将已经在玻璃瓶中饲养7～10天的米蛾幼虫，连同饲料均匀地撒在竹匾中饲料的表面，然后用少量的饲料覆盖。为了以后捕蛾方便，可以在竹匾上盖1层纱布或尼龙窗纱。将竹匾放在饲养架上。一般饲养架可以上下放竹匾10层或更多一些。

4. 收集成虫　在上述饲养室的温湿度条件下，从接种米蛾卵到成虫开始羽化，一般需要40～45天。在夏季高温条件下，约1个月就开始羽化，羽化开始到羽化结束，一般要30～40天。羽化开始的头几天多为雄蛾，10～15天后雌雄蛾数相近，以后雌蛾又超过雄蛾数。

米蛾的羽化期较长，在羽化期间，当成虫羽化开始后，每天要从饲养室的顶棚、四壁和饲养盘上收集大量新羽化的成虫产卵，费工较多。为了提高收蛾效率，采用筛茧和集中羽化的办法，可以大大节省劳动力。

米蛾集中羽化器的制作与使用技术(中国农林科学院植保组，1978)：羽化器由木架、漏斗形塑料布帐、羽化笼及收蛾笼组成。

(1)制作方法：①木架是羽化器的骨架部分。架高114厘米，顶框长84厘米，宽63厘米。紧贴着顶框，在其内侧四周钉上2厘米×3厘米的木档，以便固定塑料布帐和悬挂10个羽化笼。为了便于移动，也可以在木架脚上安装4个轮子。②漏斗形塑料布帐，用透明塑料布作材料加工制成漏斗形塑料布帐。帐的上部长方形，下部逐渐收缩成漏斗形。漏斗出口处连接一段约 7 厘米长、直径 7 厘米的管子，管口对准收蛾笼的进口。塑料布帐形成了羽化器的四壁，使羽化的蛾子不能逃跑。下部的漏斗形结构帮助蛾子落入收蛾笼。塑料布帐的上口固定在木架顶框内侧四周的木档上。塑料布帐外面中部 4 个角烫上 4 个“鼻子”，用绳子拴在木架的 4 根立柱上。③羽化笼用木条和 8 目铁丝纱制成。笼身长 49 厘米，宽 45.5 厘米，厚 4 厘米。笼顶木条长 57 厘米，木条伸出笼身两端各 4 厘米，以便挂在羽化器的木档上。笼顶的木条也是羽化笼的笼门，它的一边用两个合页连接在笼上，另一边用挂钩固定。这样可以根据操作需要，随时开关。④收蛾笼是一个高 16 厘米、直径 12 厘米的圆柱形铁丝纱笼(20 筛目)。笼盖为白铁皮制作，留直径为 4 厘米的小孔，规格与米蛾产卵罐(见下文)一样。笼的下端缝上一块长 20 厘米的透明塑料布，下开口的直径约 4 厘米。

(2)操作方法

①筛茧：米蛾在 27～28℃、相对湿度为 70%～75%的条件下，从接卵至成虫开始羽化需 40～45 天，夏季在 30～32℃高温下约需 1 个月。整个羽化期从初见成虫至羽化结束，长达 30～40 天。由于米蛾发育不整齐，结茧适期拉得很长，如果羽化一开始就筛茧，没有结茧的幼虫较多。我们一般在羽化开始后 10 天，将大盘中饲养的米蛾连同饲料用粗铁丝筛过筛，筛去剩余的饲料。然后将虫茧装入羽化笼，挂在羽化器中羽化。

过筛时还没有结茧的少部分幼虫，可以收集起来，再放回大盘中饲养。筛茧时必须将饲料去得比较干净，以避免过多的饲料碎屑混在卵内，增加清除工作的困难。

②装笼：将筛去饲料的米蛾茧装入羽化笼，1 个羽化笼可

装茧1.75～2千克。1台羽化器配备10个羽化笼，可以装100千克饲料饲养出来的米蛾茧。将羽化笼挂在羽化器的木档上。笼与笼之间要留出一定的距离，使羽化出来的蛾子能通过铁纱孔顺利地钻出来。在羽化器的顶上，覆盖一块透明塑料布，并用松紧带固定，以防止蛾子外逃。收蛾时，将收蛾笼的塑料布端折封，形成笼底，将塑料布帐的出口管对准收蛾笼上端盖的进口。羽化笼上要贴上标签，注明筛茧日期。一般30～40天后羽化结束，淘汰旧茧，另装新茧。

③取蛾：每天收集1次蛾子。方法是：将羽化器顶上的塑料布揭开一部分，用鸡毛掸子将羽化后停留在羽化笼铁纱上端塑料布帐上的蛾子轻轻刷下。蛾子通过布帐的下端孔，落入收蛾笼。

米蛾在饲养室高温条件下，比较活跃，操作时容易飞跑。可以在取蛾前，将羽化器移入不生火的外室，以降低温度。蛾子在20℃以下行动比较迟钝，操作方便。

蛾子落入收蛾笼后，随即爬上纱笼壁上，而与蛾子同时落下的饲料碎屑，则在倒折的塑料布下端形成的笼底上。然后一手拿起收蛾笼，另一手控制塑料布漏斗，让饲料碎屑通过漏斗孔排出去。

④转蛾：饲料清除干净后，将蛾子由收蛾笼转入产卵罐。方法是：将收蛾笼的塑料布漏斗的出口，插在产卵罐的白铁皮漏斗盖的进口中，轻拍笼壁，蛾子即落入产卵罐中。

5. 成虫产卵和集卵　米蛾成虫产卵器有两种，即产卵罐和产卵笼。

(1)产卵罐：用白铁皮和20目铁纱制成。罐的直径为12厘米，高12～14厘米，罐的下端焊上铁纱作底，上端做一个铁纱盖。另外，配几个套在产卵罐上用的白铁皮漏斗盖。

收集成虫时，先在产卵罐上套一漏斗盖。通过漏斗孔装入成虫1 000头，然后将漏斗盖换成铁纱盖。将装好成虫的产卵罐竖放在白瓷盘中产卵。

(2)产卵笼：用铁纱制成直径20厘米、高50厘米的圆柱形产卵笼。用产卵笼来收蛾卵，比较方便。但用纱笼产卵比用铁罐落在盘中的卵量显著减少，而附在铁纱上的卵则增多。

成虫在当天晚上就开始产卵。占总数70%～85%的卵通过铁丝纱落在白瓷盘中，其余的卵附在铁纱上和罐壁上。每天取卵时，将附在铁丝纱上的卵用毛笔刷轻轻刷下，并拍打罐壁。将取得的全部米蛾卵清除鳞片和杂物后，供扩大米蛾繁殖或饲养草蛉之用。落在白瓷盘中的米蛾卵，可用于冷藏和接种用，刷下来的卵可以直接用作草蛉饲料。

米蛾在饲养室条件下，可以连续产卵8～9天。每天取卵后，将产卵罐放回白瓷盘继续产卵。一般到第五、第六天成虫已产卵90%～95%以上，即可淘汰。整个米蛾成虫期不需要喂水或饲料。

米蛾的产卵量与饲养条件关系很大。在适宜的条件下，1头雌蛾可产卵300～400粒，但在一般情况下产卵200粒左右。在羽化盛期，每罐装1 000头成虫约可收卵10万～15万粒。每克米蛾卵约有26 000粒，每毫升约有15 000粒。收集的卵可以用量筒测量，并进行登记。

6. 卵的冷藏　新鲜的和经过冷藏的米蛾卵，都可用来饲养草蛉。米蛾卵在低温下存放几天后即不能孵化，但作饲料则不受影响。为了贮备足够数量的米蛾卵，以供大量繁殖草蛉之用，故米蛾卵的冷藏非常重要。冷藏米蛾卵可用普通冰箱或低温冰箱。北部地区冬季寒冷，可在自然低温下保存。

温度对米蛾卵的冷藏有很大影响。在贮存期间，一般前期由于卵的含水量较高，往往引起结块和发霉，后期因不断失水，容易干瘪。贮存米蛾卵方法：将新产的落在盘中不受损伤的米蛾卵去掉杂质后在瓷盘中摊晾半天，以除去多余的水分，然后装入玻璃管中，用棉花塞塞紧（不可用不通气的瓶塞或将管口封死），塞紧后放入冰箱中，经常检查，如发现卵有返潮结块现象，则应倒出用毛笔打散，晾去多余的水分，再重新装管贮存。用此法贮存米蛾卵，可以很好地保存3个月，过后则瘪卵逐渐增加。因为到存卵后期，由于水分不断损失，卵开始干瘪，故应根据情况，设法减少水分的蒸发，将棉花塞换成比较不通气的管塞或用塑料布扎口，或采用多层吸水纸（如报纸、草纸等）包好，再用尼龙袋包2～3层冷藏的办法效果也较好；将米蛾初产的卵放盘中阴干半天，然后盛于竹筒内用棉花塞紧，放在5℃冰箱内保存，效果也较好。

为了提高饲料利用率，可用紫外线处理米蛾卵。米蛾卵对紫外线敏感，用20瓦紫外线灯，距离卵面20厘米，照射25分钟，可以杀死米蛾卵胚胎（卵龄24小时），处理后的米蛾卵用作饲料，对草蛉幼虫的发育无影响（叶正楚，1986），如此可避免米蛾用作饲料时孵化，从而提高饲料利用率。

（三）饲养方法的若干改进

1．*一次投食方法*　米蛾幼虫的喂养方法，在我国南部地区多采用多次增添饲料喂养法。即先用少量饲料喂养幼虫，随着幼虫的发育和饲料的消耗，增添新的饲料。为了进一步提高产量，简化喂养方法，为工厂化生产米蛾创造条件，采用一次喂养，即饲养开始时加足饲料，接上米蛾卵，在饲养过程中不再增添新饲料或转换饲养用具。

大盘一次喂养：用木盒装饲料1千克，接米蛾卵3 000粒。饲料配方为：麦麸90%，面粉5%，大豆粉5%，饲料含水

15%。接种米蛾时，将卵粒撒在饲料表面，不用饲料覆盖。饲养室温度为27℃，相对湿度为70%。

大盘一次喂养米蛾，出蛾率比小瓶接种两次喂养的高，也比大盘两次喂养法出蛾率高。由于一次喂养法比较省工，出蛾率也提高，可以在北方地区试验推广。

2. 饲养用具、接种方法和接种数量

(1)工具：用加铁纱盖的木盒比通常饲养米蛾的用具竹匾或筐箩效果好，能经济地利用饲养室的空间，且取蛾方便。

(2)接种方法：接卵后用少量饲料覆盖，出蛾率显著提高，覆盖比不覆盖出蛾率从43.8%提高到50.1%，出蛾数增加14.5%。

(3)接种的数量：在采用小瓶接种两次喂养法时，1千克饲料可以接米蛾卵3 000粒。采用一次喂养法，1千克饲料接种米蛾卵4 000粒或3 000粒，对出蛾率没有影响，但接种4 000粒卵出蛾率明显增加，所以改用一次喂养法后，可以适当增加接卵量，以提高产量。

3. 饲料配方改进效果

(1)小瓶饲养：用糠麸、粮食、油菜籽饼等为原料，配成不同饲料饲养米蛾。粗饲料先经过研细，通过40目的尼龙纱筛。用果酱瓶装经高温灭虫的饲料50克，加水使饲料含水10%。每瓶接米蛾卵100粒。结果显示：用麦麸为主要成分(90%～95%)的饲料中加入粮食细面(高粱、白薯、玉米、小麦)5%～10%，或饼粕粉(大豆饼、麻油渣、花生饼、菜籽饼)5%，或粮食细面和饼粕粉各5%饲养米蛾，出蛾率均在56%～65%之间。雌蛾率均在43%～59%，雌蛾平均产卵数在279～395粒之间。

饲料可因地制宜地采用。以麦麸为主的饲料中加饼粕粉

5%的处理，比加粮食细面10%的处理，出蛾率有所提高。

(2)大盘饲养：用铁丝纱盖的木盒一次装饲料1千克。饲料含水15%。接米蛾卵3000粒，放在定温定湿(温度27℃，相对湿度75%)条件下饲养。结果表明，以麦麸为主的饲料，加粮食细面10%，饲养米蛾效果良好。出蛾率可达56%～62%，雌蛾率可达54%～60%，每雌产卵可达126～141粒，每500克饲料可出蛾846～940头，得米蛾卵65000～74000粒。以雌蛾率和每500克饲料出卵数来衡量，玉米面比面粉或高粱面好。以米糠为主的饲料，或米糠、麦麸各45%的饲料中加粮食细面10%，则出蛾率、雌蛾率和每雌产卵量均明显下降。

饲料质量可以影响出蛾率、雌雄性比、每雌产卵数和从卵至羽化发育所需的时间。从总的趋势来看，出蛾数与性比和产卵数有明显相关，出蛾多的雌蛾率也较高，每雌产卵数也较多，所以用出蛾率来评价一种饲料的优劣是比较简单的办法。但出蛾率不能很好地反映饲料对产量(产卵数)的影响。例如每500克饲料的出蛾率仅增加27.6%，但产卵量却相差124.9%，因此精确的试验，应以产卵量为比较的标准。

4. 米蛾集蛾技术的改进(于久钧等，1980) 在用木盒养米蛾的基础上，改进了盒盖的结构，将一层纱盖改成双层纱盖，取得了很好的结果。利用这种方法收集，方法简单，容易操作，可以节省较多的劳动力。

(1)饲养盒改造：饲养盒分盒底部分与盒盖部分。盒盖部分为两层铁纱盖，上层木框与盒底尺寸相同，钉上20目铁纱，下层木框用厚1厘米，高2.5厘米，长38厘米的木条两根，长29厘米木条1根，做成一面开口的木框。将开口木框钉在上层木框有铁纱的一面，木框另一面钉上8目的铁纱，即做成双层铁纱盖。饲养米蛾时，将盒底部分放入饲料，盖上双层铁纱盖,使下层 8 目铁纱紧贴饲料。

(2)收蛾器:收蛾器由木架体、顶盖、塑料布漏斗及收蛾笼 4 部分组成。顶框内径下部钉 1 厘米宽的木条,以便支住顶盖。顶盖中间留 1 个开口,开口的四边向下钉上 5 厘米宽的挡板,防止收蛾时成虫倒飞出来。除开口处其他地方钉上 20 目铁纱。塑料布漏斗是用透明塑料布加工制成。上部长方形,尺寸与木架顶框的内径相同,高 40 厘米,逐渐收缩成漏斗型。漏斗出口为长 4 厘米、直径 12.5 厘米的圆筒,可套住收蛾笼。收蛾笼是一个高 16 厘米,直径 12 厘米的铁纱笼,用 20 目铁纱做成。笼盖为白铁皮漏斗盖,笼的下端缝上一个长 20 厘米的透明塑料布漏斗,漏斗的末端开口直径约 4 厘米。

(3)集蛾方法:每天收蛾 1 次。将收蛾笼的塑料布漏斗折起后放在收蛾器的木架交叉横木上,然后将收蛾器的塑料布漏斗下口套在收蛾笼的盖上。用橡皮筋扎紧,轻轻拿起饲养盒的双层铁纱盖,开口的一端伸进收蛾器顶盖的开口里,用手拍打双层铁纱盖,成虫即掉进收蛾器的漏斗中。大部分成虫会直接进入收蛾笼里,少数停留在收蛾器塑料布上的成虫经轻轻拍打后进入收蛾笼里。成虫收集完后,将收蛾笼折起来的塑料布拉直,为此米蛾成虫均趴伏在收蛾笼的铁纱壁上,其他杂质即可经过塑料布漏斗口掉出。最后将米蛾成虫移入产卵罐中产卵。

根据试验和应用结果,米蛾成虫羽化后,有 90%以上钻进盒盖的两层铁纱盖的下层铁纱,效果会更好。因此,在成虫开始羽化时一定要注意检查,如果饲养盒内的饲料没有紧贴双层铁纱盖的下层铁纱,则可适当添加饲料使与铁纱紧贴。另外,原来已经用其他饲养容器饲养米蛾的,可在米蛾羽化前将带茧的饲料移入双层铁纱饲养盒里,这样可以减少木盒的制备，节约开支。

5. 技术要点小结　由于饲养方法和饲料配方的改进，米蛾的出蛾率可从34%提高到50%～60%，每500克饲料的出蛾量可从500头提高到900头，每500克饲料的出卵量可从5万粒增加到7万粒。

饲养的技术要点可归结为以下几点：

第一，保证饲养室的温度和湿度符合要求。

第二，饲料严格消毒，并防止寄生蜂、仓库害虫和有害动物进入饲养室。

第三，选用合适的饲料。在北部地区，采用麦麸或麦麸中加入少量粮食细面或饼粕粉作饲料效果很好。

第四，接种要选用好卵，接种量要适当。采用一次喂养法，500克饲料可以接卵2 000粒，用少量饲料覆盖可以提高出蛾量。

第五，为了经济利用饲养室的空间，提高总产量和节省取蛾时间，饲养用具可以改为有铁纱盖的木盒。

第六，为了提高饲养技术，对每批生产的米蛾要进行产量测定。用出蛾率评价产量比较简单，用产卵量则更精确。

四、人工饲料及人造饲料卵

（一）人工饲料

1. 成虫人工饲料

方法1　（中国农科院生物防治研究室，1976）

配方：发面干粉或酵母粉35克，蜂蜜20毫升（或蜂蜜10毫升，或蔗糖20克），水80毫升。

制作：将做馒头发酵用的面头（老面）充分发透至发酸粘手为度，然后摊开、吹干、压碎、研细过筛贮存备用。切勿在发酵好的馒头里加面粉，否则虽然容易干，配成饲料后会很快发酵,影响饲养效果。如用醇母粉,则直接按方混合即可。

效果:用此配方饲养中华草蛉成虫,产卵前期3天,雌虫平均产卵量是677~831粒,成虫寿命最长可达2个月。

方法2 (中国农科院生物防治研究室,1976)

配方:酵母片25克,糖10克,蜂蜜10毫升,水100毫升。

效果:饲养中华草蛉成虫,在27℃恒温条件下,产卵前期4~5天,单雌产卵量581~941粒,最长寿命可达2个月。

方法3 (中国农科院生物防治研究室,1980)

配方:啤酒酵母粉30克,蜂蜜20克,蔗糖10克,1398蛋白酶(8万单位)0.2克,水100毫升。

制作:取蛋白酶0.2克,倒入250毫升的三角瓶里,加100毫升水,使蛋白酶溶于水中,再加30克啤酒酵母粉充分摇匀,瓶口用棉花塞塞紧,放入38℃的恒温培养箱中水解12小时,取出后加入蔗糖和蜂蜜,充分摇匀即成。饲料配好后,可放在冰箱内保存,保存时间以不超过15天为宜。

效果:用此配方饲养中华草蛉,连续3代发育正常,成虫产卵量最多可达978.8粒。

2. 幼虫人工饲料

方法1 (中国农科院植物保护研究所,1979)

配方:生鸡蛋40克,啤酒酵母粉30克,蜂蜜20克,维生素C 0.1克,水100毫升。

效果:用上述配方饲养中华草蛉幼虫,连续饲养16代以上。1~10代幼虫平均结茧率为58.3%~76.5%,成虫平均羽化率为76.7%~94.2%。1~4代单雌平均产卵量为669.1~1 561.7粒(1头雌虫最高产卵量达2 484粒,日最高产卵达67粒)。平均寿命57.9~83.2天,最长寿命125天;产卵前期4.4~6天,卵的孵化率为83.3%~100%。

方法 2 （中国农科院生物防治研究室，1985）

配方：啤酒酵母自溶液 104 毫升，大豆酶水解液 21 毫升，鸡蛋黄 5 克，蜂蜜 10 克，蔗糖 5 克，亚油酸 0.45 克。

制作：大豆酶水解液制备：大豆与酶（3 万单位的枯草杆菌 r-蛋白酶）按 1∶0.06 混合，干大豆与水之按 1∶5 混合，在 50℃水解 24 小时。大豆水解前，在 1.1 公斤/平方厘米的压力锅中处理 15 分钟，取出冷却后加入 r-蛋白酶，在高速捣碎机（每分钟 8 000～12 000 转）中捣碎 3 分钟。水解结束后立即真空抽滤，弃去滤渣，将滤液冷藏备用。

啤酒酵母自溶液制备：酵母粉与水按 1∶4.5 混合，在 50℃下溶解 12 小时。自溶结束之后立即离心 20 分钟（每分钟 4 000 转），取其上清液冷藏备用。

鲜鸡蛋黄制备：取新鲜鸡蛋，将鸡蛋两端各开一孔，让其自然流尽蛋白，只取蛋黄。

将配方的成分按比例混合，用高速捣碎搅拌 1 分钟，然后冷藏备用。

效果：用此配方饲养的中华草蛉幼虫能正常发育，幼虫期 8～9 天，蛹期 6～7 天，产卵前期 4～5 天，成茧率达 95%以上，羽化率平均在 85%以上，30 天产卵量在 700 粒以上。卵的孵化率在 90%以上，连续饲养 10 代无明显退化现象。

（二）制卵机械及人造卵

人工配制的饲料大多为液体，用液体人工饲料来饲养草蛉很不方便，不利于大量饲养。将液体饲料制成人造卵，有利于草蛉取食，便于大规模饲养。

1. 工作原理　人工制卵过程包括人造卵液、卵壳原料和造粒机械（制卵机）3 个部分。首先，将卵壳原料即切片石蜡

(熔点 48～50℃)，以及水溶性液体饲料，熔化或加温至所需的温度范围。然后给饲料加一定压力，使之从石蜡液面下约 1 毫米的深处向上喷出，成为向上斜抛的射流。饲料在向上抛射的运动中，由于“卷吸”的作用，使其周围静止状态蜡液被吸附随同饲料射流一起上升，而形成液柱。由于液柱内部各层之间以及液体与管道内壁之间存在着摩擦力，加之空气的阻力作用，当这束射流达到一定的高度时，即发生分裂，形成包括既有饲料，又有蜡液，大小比较一致的微小颗粒。由于饲料内聚力大于饲料对于蜡的附着力，故饲料聚为一团，蜡液展布于表面。在降落过程中，蜡液冷却凝固，把饲料包裹起来，从而形成浑圆的人工卵粒。

2. 机械结构和性能

(1)结构：主要包括温度控制系统、饲料压力控制系统和附属装置三个部分。温度控制系统：主要给卵壳原料加热控温。包括电热器、恒温控制装置以及附设饲料可调预热器。保持卵壳原料温度在 80～90℃。要求饲料呈真溶液或乳状液。

饲料压力控制系统：包括饲料罐、水浴盒、空气压缩罐和控压阀门等。饲料经压力系统到喷针，由卵壳原料液面下穿过液面向上喷出，通过压力调节阀使饲料射流扬程在 1～2 米为宜。

附属装置：包括集卵器、散热器和保温装置。

(2)性能：工作室温度为 0～35℃，最佳室温为 10～25℃，室温过高，卵壳原料不易冷凝而影响成卵率；卵外形为圆球形，卵壳厚度为 17.2～25.5 微米，平均为 22.8 微米，有一定的透气性；卵粒直径约 247 微米至 1 毫米，其中大部分直径为 627～712 微米；成卵率高的可达 95%。卵壳原料消耗量为饲料量的 1/5，一个喷针每小时可加工卵液约 500 毫升。

(3)饲养效果：用人工卵饲养中华草蛉幼虫的结果表明，

初孵幼虫可以成功取食人工卵，幼虫能正常完成幼虫期的生长发育，历期与米蛾喂养的相比，略微延长。蛹的发育历期较稳定一致，成茧率可达97%，羽化率达91%以上，成虫获得率89%，雌虫率46%(马安宁，1986)。

第三节　大量扩繁技术

一、建立饲养室

室内大量扩繁，首先应建造饲养室，然后采集种蛉、进行室内饲养、扩繁及冬季连续饲养等主要环节。

饲养室一般选择保温保湿性能好，空气流通，光线充足的房间。房间面积一般为15～30平方米，不宜太大，以便控制污染。室温要求控制在25～30℃之间，相对湿度控制在70%左右，光照15～17小时。在饲养成虫的室内可加灯光照射，适当延长光照可增加产卵量。一般要求把幼虫和成虫饲养室分开，以便操作。

饲养的主要设备、器具及药剂：空调、冰箱、生化培养箱、超净工作台、多功能载物架、日光灯、紫外消毒灯、洗涤盆、洗涤刷、消毒剂、养虫器皿、搪瓷盘、玻璃管、玻璃杯、玻璃瓶、剪子、镊子、毛笔等。

二、采集种蛉

种蛉可根据本地草蛉的发生规律进行采集。长江流域，春季可到小麦、蚕豆、梨树、桃树、杏树、枫树、木槿、竹、刺槐等植物上采集；夏、秋两季可到棉花、玉米、高粱、大豆、梨树、枫杨、柳树、白杨等植物上采集；晚秋可到大白菜、四季豆、萝卜等植物上采集；冬季可到竹林、茶树、女贞等植物上采集成虫。北方地区，可在玉米、高粱地里采集，越冬前可在背风向阳的山坡树林里采集。一般是到蚜虫发生比较重的田块或植株上去寻找，也可到晚秋时蚜虫发生重的树木或其他植物的周围寻找，如北方的白杨树、江南的榆树。

采集的方法比较简单，可用捕虫网采成虫，也可用灯光诱集。采卵时，要连叶片一起采下。采茧时，为了不损伤茧，最好连同植物叶一起采下，并及时处理，以免密度过大而造成死亡。各种虫态均可采集，但在田间寻找草蛉幼虫、卵较难，所以应以采集成虫和茧为主。

三、幼虫的饲养方法

草蛉幼虫具有相互残杀习性，群体饲养应采取措施避免其相互残杀。饲养方法分为两类：即单头饲养和群体饲养。群体饲养一般应用的有小室单头群体饲养和罐盒群体饲养两种方法。

(一)小室单头群体饲养

1.*饲养工具*　饲养的工具主要是幼虫饲育器和用来涂蜜水的滚筒。

(1)幼虫饲育器：用硬纸片或塑料格子板制成蜂巢式的饲育器，大小为 27.9 厘米×30.5 厘米，分隔成 600 个大小为 1.27 厘米×0.95 厘米×0.64 厘米的小室，各室互相隔开，形如蜂巢，纸巢的底面粘以纱布(或细尼龙纱)封底，上面盖以玻璃片。

(2)滚筒：滚筒的形状如印刷用的滚筒，筒上刻有纵横条纹，纹间距离和草蛉幼虫饲养器上各个小室间距离相等，用滚筒滚出的条纹和硬纸片纸巢的各小室相对称。

2.*饲养方法*　把收集的草蛉卵用振动机振动，使之均匀分布到硬纸片巢的各小室中。每个饲育器为 1 个单位，共放 3 克草蛉卵，平均每个小室有草蛉卵 2～3 粒，孵化后由于幼虫的自相残杀，经过自然淘汰的结果，每个小室到最后只留存 1

头幼虫，个别小室内没有振入卵粒。

幼虫孵化后，以麦蛾卵为饲料（用米蛾卵或人工饲料卵也可以），第一次饲喂将麦蛾卵撒入各小室，每个饲育器需3克，3天后喂第二次。第三次以后改变喂卵方法，不是直接撒入，而是粘在玻璃板上。操作方法是：把滚筒首先蘸以蜜糖水，然后在玻璃面上滚过一遍，滚成许多蜜糖线条，再撒上麦蛾卵。蜜糖把麦蛾卵粘在玻璃板上。每块玻璃粘上的麦蛾卵量为3克，隔天换1次，或3天换1次亦可，用人工卵须1天换1次。一直饲养到幼虫孵化后的第十三天（在27±2℃的条件下）。有些幼虫在第九天或第十天就结茧，多数在第十四天结茧、化蛹。14天后，除去没有化蛹的幼虫，取下玻璃板，将饲育器放入成虫羽化箱中。幼虫饲育器底面不能直接平放在物面上，需架起饲养，这样有利于通气。

（二）罐盒群体饲养

中国农科院生物防治研究所经过多年的探索及实践，结合我国农村的实情，研究了一套经济、简便、切实可行的饲养草蛉技术，可供大量生产应用。

1. 饲养工具　饲养幼虫的工具，可以根据当地的条件因地制宜。如装食品的玻璃瓶、木制饲养盒、方形纱笼、果酱瓶（500毫升）等均可。

玻璃瓶：为避免幼虫之间相互残杀捕食，一般在瓶底放置一些隔离物，以此来减少草蛉相互接触的机会，从而减少相互残食。隔离物一般用纸做成1厘米宽的纸条，每条折成10个折，将折好的纸条沿瓶壁顺序排在瓶底呈菊花状，可排2层，也可以用塑料条。隔离物在幼虫结茧时可为茧提供附着物。在农村，可以用麦秸，将其剪成3～4厘米的秆段，散放在瓶底，也能起到隔离的作用。瓶口用2层纱布及橡皮圈封口，为防止初孵幼虫从纱布孔中钻出，可以在两层纱布之间夹1层薄纸，待幼虫进入2龄时去掉薄纸，以利于通气，减少瓶内湿度。有条件的地方，可用60目的铜纱或尼龙纱作瓶盖。

方形纱笼：笼长宽各33厘米，高5厘米，笼底用三合板，四边用细尼龙纱，顶部除用细尼龙纱外，在中部留5平方厘米小口，突出于纱面，以便于投入饲料和加盖压紧。方形纱笼的饲养效果较好，具有饲养量大、省工、便于管理等优点。

2. 饲养管理　在饲养前，首先将草蛉灰卵（快孵化的卵）或初孵幼虫定量接入饲养容器内，果酱瓶每瓶接灰卵100粒，方形纱笼每笼接灰卵3 000粒；将灰卵均匀地分散在隔离物间，若散放初孵幼虫，需用毛笔轻轻挑入饲养容器中，切勿损伤虫体。草蛉幼虫的耐饥能力差，初孵幼虫1天内得不到食物就会死亡。因此，在接入初孵幼虫时，要立即投放饲料。接草蛉卵粒的要准确掌握卵的孵化时间，及时投食。

根据食物的种类，可用不同的投食方法。对于投放蚜虫，可将采集的蚜虫装在一个放有纸卷的玻璃瓶中，瓶内的纸卷长约2厘米，直径约2厘米，蚜虫可爬入纸卷内躲藏，借此可减少蚜虫互相挤压造成的死伤；投食时夹取有蚜虫的纸卷，放入草蛉饲养瓶，操作方便。用蚜虫饲养，应注意饲料充足，投食要及时，一般1～2龄时每天喂1次，3龄时每天喂2～3次；每次投蚜不能过多，操作时要防止蚜虫死伤。喂蚜虫时不要带植物枝叶，带枝叶不仅增加瓶内湿度，也增加了换饲料时的麻烦，雨后采集的蚜虫必须等水分吹干后再喂，切勿把蚜虫的其他天敌带入饲养瓶内。

蚜虫的投放量因草蛉幼虫龄期的不同而异。1龄幼虫期，每头草蛉幼虫每天供给蚜虫20～30头，2龄期为30～40头，3龄期食量大增，投80～100头。同时因蚜虫的种类、龄期、个体大小有差异，投蚜量还应调整，也可根据饲养容器中余下活蚜虫的多少而调整，达到既不浪费又给足饲料，以减少草蛉幼虫互残。夏季草蛉幼虫期约9天，因此幼虫饲养期间一般不需清洁饲养瓶，待结茧后，可将草蛉茧连同隔离物一起移入成虫羽化笼中。

用米蛾卵作饲料，可将制作的卵卡投入瓶内，卵卡上每平方厘米有米蛾卵500粒左右。投放时可根据草蛉幼虫龄期和饲养密度，每2～3天投放1次。幼虫期喂2～4次即可。每百头可放入米蛾卵卡8～12平方厘米，约4 000～6 000粒卵。当第一次蜕皮后应放入24～32平方厘米的卵卡，约12 000～16 000粒。当开始第二次蜕皮时放入第三次卵卡，整个幼虫期约放入米蛾卵6万粒。草蛉不同龄期食量不同，中华草蛉1龄、2龄、3龄食量分别是30粒、27粒、189粒。

用米蛾卵饲养草蛉幼虫，比用蚜虫饲养有很多的优越性，如米蛾卵不受季节限制，饲养方法简便，一般2～3天喂1次，整个幼虫期喂3～4次就可以了，节省养虫时间，便于管理。当草蛉食量大时，用蚜虫作饲料供应较难。

用蜂儿作饲料时，接种卵后待孵化开始，即可在饲养器内的隔离物上部，放一块20～40目的塑料窗纱，将蜂儿均匀摆在上面。每百头幼虫放10～15头大小不等的鲜蜂儿，以后每1～2天换1次蜂儿。

利用蚜虫和米蛾卵，采用群体方法饲养中华草蛉幼虫，其幼虫的成活率为51%～66%；以蚜虫饲养的羽化率为76%，用米蛾卵饲养的在93%以上。

幼虫饲养管理要点：①饲养幼虫容器内，一定要有隔离物，以减少相互残食，同时还要通风透气，又要防止逃逸。②在同一容器内，草蛉幼虫的龄期一定要整齐，这样既方便管理又可避免高龄幼虫残食低龄幼虫。③在饲养器内提供适量的饲料，以在下一次投料时吃完为度，过少饲料会造成相互残食，过多会使湿度过高，不利于幼虫成活。④要控制好湿度，相对湿度以70%左右为宜。湿度过大或过小均会造成大量死亡。⑤在大笼饲养器中，当结茧率达到80%时应及时清茧，否则末龄幼虫就会吸食茧内的蛹，造成蛹死亡。

四、成虫的饲养方法

草蛉成虫的饲养方法也可分为单头饲养和群体饲养两种。群体饲养适用于大量扩繁和生产。草蛉成虫有取食同类卵的习性，但成虫间一般不互残，易进行群体饲养。下面主要介绍群体饲养方法。

（一）饲养工具

1. 交尾箱　交尾箱主要用于刚羽化的成虫在内交尾。交尾箱的形式和大小，可以根据情况而定，原则是不可空间过小而影响交尾。柜架式：方格货架形，长25～30厘米，宽30厘米，高30厘米，格间用木板或硬纸板隔开，朝外的面用20目尼龙纱封严，朝里的面挂黑布，以便放虫和取虫。笼箱式：用纸板或木板做成30～40厘米方形单格式箱，箱的上底面钉尼龙纱，下底面挂上黑布。

2. 产卵饲养笼　产卵饲养笼是饲养成虫的主要饲养工具。因草蛉成虫有取食自产卵的习性，因此在一个产卵笼内不能饲养过多成虫。成虫太多还会互相干扰产卵。所以，产卵饲养笼不能太大。产卵笼的制作材料可用木板、塑料板或厚纸。

笼规格可以根据情况而定。常用的规格笼高10厘米，直径14厘米，将按尺寸剪好的厚纸围成一圈，交接处用钉书钉固定成圆筒形，笼顶和笼底盖1层细纱布，并用橡皮圈固定。为了便于成虫产卵、人工收卵、贮卵和田间放卵，可以在饲养笼的内壁以及笼顶和笼底衬1层纸，衬在笼壁的纸可以在其上方几个点上略抹胶水固定；顶部和底部的衬纸可固定在纱布内面，这样让成虫产卵于纸上，即成卵箔。有颜色的纸做卵箔比用白纸好。

草蛉成虫需饮水，缺水则寿命短，产卵量低。因此，在饲养草蛉时，每个饲养笼内都要配饮水器。饮水器上有1个铁丝弯钩，可以悬挂在饲养笼的内壁上。

3. 换笼器　换笼器是将成虫从一个笼转移到另一笼的套筒状工具。可用厚纸板或塑料板制作，高与直径均大于产卵笼0.5厘米，使产卵笼可轻轻从两端套入，以能转动又不出现缝隙为宜。在圆筒上部开1个3厘米×3厘米的小门，以便观察。

4. 吸虫器　结构与小型的家用风道排气扇一样。口径正好与饲养笼插接，在换笼时起趋虫的作用。

(二)饲养方法及管理

1. 产卵前期的饲养　草蛉成虫一般不喜食蚜虫，所以用人工饲料进行饲养。此期的饲养目的是让其充分交尾。可将刚羽化的成虫先放在交尾笼中集中饲养若干天，让其自然交尾，待性成熟普遍交尾后，转入产卵笼中让其产卵。在交尾笼中饲养的时间，应该根据其产卵前期长短而定，一般为4～8天。

2. 产卵期的饲养　将快要产卵的雌虫移入产卵笼内，每个笼可放雌虫50～75头。草蛉都有1次交尾终生产受精卵的特性，但在集体饲养中可能有个别雌虫没有交尾，所以在移入产卵笼时，一般移入1/4～1/5的雄虫。

草蛉成虫有取食同类卵的习性。因此，笼罩内卵箔要1天换1次。草蛉产卵的时间大多集中在晚上7～11时，故换卵箔的时间最好在晚上10时进行，最迟也要在翌晨换毕。增加光照可以提高其产卵量，也可以减少成虫对自产卵粒的取食。因此，在成虫产卵笼上面用40瓦日光灯进行光照。在此条件下，平均每笼草蛉24小时可产卵700～1 000粒。草蛉成虫寿命长，产卵期也长，产卵盛期过后笼内发现有雌虫死亡及产卵量下降时，应进行并笼饲养，以节省劳力。

饲养草蛉可以应用前文提到的糊状饲料外，还可以利用粉状人工饲料，粉状饲料不易发霉。中国农科院生物防治研究所采用粉状饲料饲养中华草蛉，饲料配制为啤酒酵母10份，白糖8份，研细拌匀。使用饲料时，在硬纸片上涂1层蜂蜜，撒上粉状饲料，放在笼中，每3～5天换1次饲料，效果良好。

成虫的集体饲养要点如下：①不同羽化期的草蛉成虫要分开饲养；②饲料要充足，饲喂要及时，一般1天喂1次；③及时取卵，以免成虫取食卵粒，一般1天取1次。

国外饲养成虫的工具是成虫羽化箱和产卵箱。成虫羽化箱：成虫羽化箱即普通的养虫笼，只要硬卡纸巢能放进去即可。产卵箱：圆筒形，直径35厘米，高10厘米，箱周围和箱底用14×16网眼玻璃纤维做成，箱底中央留一直径为15厘米的圆孔，以便套入直径为15厘米的尼龙网（网中有湿棉纱，以供成虫吸水），箱上面盖棕色纸。在27±2℃的条件下，羽化率可达95%。收集成虫时，先用真空器吸出当天羽化的成虫，将其放入产卵箱中。产卵箱内涂一种营养混合物，作为成虫饲料，隔天换1次。每箱养成虫400只，雌虫占65%～70%。

五、草蛉的冬季饲养技术与管理

（一）控制滞育（越冬）

冬季阻止草蛉滞育越冬，这是周年大量生产草蛉的一个关键。引起中华草蛉成虫产生滞育越冬的主要因素是光周期和温度。因此,要阻止草蛉滞育越冬,就需在草蛉开始滞育之前,采取加强光照和加温的办法进行冬季饲养。掌握当地草蛉的越冬时间,在草蛉尚未越冬前,从田间采回草蛉,放入饲养室内饲养。严格控制室内温度、湿度和光照。温度控制在27℃左右,相对湿度在70%,在幼虫饲养瓶或成虫产卵笼上方安装1支40瓦的日光灯,每天提供16小时以上光照,草蛉就不进入滞育(越冬)而继续繁育。这样就可以在冬季保持一定数量的不滞育的蛉种,以便扩大繁殖。

在草蛉越冬前,采集成虫,置室温保存,待需要扩大繁殖时再移入饲养室内进行长日照和高温处理,经过一段时间,提前结束越冬,进入繁殖。这样可以节省人力和物力。越冬期间的中华草蛉成虫,其死亡率的大小与采集时间有一定的关系。应在成虫充分越冬后再进行采集。各地的气温不同,其进入越冬的时间有早晚,较好的方法是看成虫体色的变化。当草蛉生理上已做好越冬的准备时,把它采回置于室内,死亡率较低;如果采集初进入越冬的成虫,则其死亡率较高。

越冬代中华草蛉成虫在越冬前取食一定量食物后,才能改变体色进行越冬(周伟儒,1984)。越冬期的死亡率与冬前取食时间的长短及取食量有密切关系,取食充分则越冬死亡率低,取食不充分则死亡率高。因此,饲养时需为越冬成虫提供充足的饲料。

(二)冬季存放条件

冬季存放温度对越冬的死亡率有很大的影响。在北京地区,中华草蛉的成虫分别存放在露天木棚、不生火的砖房和生火的房间内,在翌年3月份气温回升以前,其越冬死亡率都比较低,之后随着气温升高,在这三种环境中的成虫死亡率均有增加,生火的房间内死亡率最高。所以冬季保存草蛉并不需要特别的加温设施，关键是给予充足的饲料和水。翌年，当气温回升时，若将草蛉成虫移入 9～10℃冰箱内，可延长贮存时间。室内饲养的与从田间采集的越冬成虫，其贮存期间的死亡率无大差别。

需要大量繁殖时，将越冬成虫取出放入 27℃左右和 24 小时光照的养虫室内，能很快解除越冬。其越冬时间的长短，主要决定于低温贮存时间的长短。如贮存 80 天移入养虫室后，成虫体色由黄变绿所需的时间为 4～5 天，开始产卵所需的时间为 4 天；贮存 10～20 天，成虫改变体色需要 7～15 天，开始产卵所需的时间为 8.2～10.5 天。

(三)越冬后交尾

中华草蛉成虫是以未交尾的成虫越冬，越冬成虫在来年春后才开始交尾产卵。越冬后单独生活的雌成虫，一旦引入雄成虫，一般 2～3 天后即开始产受精卵。其一生产卵的多少与引入雄虫早晚有关，早引入，早交尾的产卵就多；反之则少。因此，冬季采集的雌雄虫可混养在一起，待翌春雌虫产卵后再淘汰部分雄虫。

第四节　贮藏与应用

一、贮藏技术

(一)成虫的贮藏

一般当季生产的草蛉数量有限，需有一个贮藏积累数量的过程，才能满足田间大量应用之需。同时，作为商品的天敌产品，也需要有个适当的货架贮存期，以方便用户选购和使用。草蛉的成虫、卵、幼虫和茧均可进行冷藏。中华草蛉成虫放在 3～5℃或 9～10℃贮存 30 天，对成活率、产卵量以及孵化率影响不大(表 14)。

表 14　冷藏对中华草蛉成虫成活率、产卵量及孵化率的影响

（湖北汉阳，1979）

温　度（℃）	冷藏期（天）	成活率（%）	平均产卵量（粒/头）	卵孵化率（%）
3～5	10	100	542	96.8
3～5	20	90	530	93.6
9～10	10	90	541	91.5
9～10	20	90	278	98.0
9～10	30	90	493	93.0

（二）卵的贮藏

在贮存天数相同的条件下，中华草蛉卵的孵化率，随着贮藏期温度的降低而减少。如在 5℃、7℃、12℃和 15℃四个不同温度中贮存 15 天的卵，其孵化率分别为 56.8%、60.3%、98.8%和 94.6%。在同一贮藏温度条件下，贮藏的时间越长，卵的孵化率越低，特别是在 5℃和 7℃中表现更为明显（表 15）。

表 15　低温贮藏对中华草蛉卵孵化率的影响

（中国农科院生物防治研究室，1979）

贮藏期（天）	孵　化　率（%）			
	5℃	7℃	12℃	15℃
3	81.0	89.9	98.3	92.7
6	86.4	82.6	90.4	83.2
9	72.6	86.4	—	86.1
12	70.8	84.8	—	88.6
15	56.8	60.3	98.8	94.6
18	45.5	59.7	81.9	—
21	—	20.6	86.2	—
24	—	11.8	89.2	—

在产品生产过程中，一般要求草蛉卵在贮藏期间不孵化，移入26℃恒温室后，卵孵化率应大于80%。卵的安全贮藏天数为5℃时6天，7℃时12天，12℃时21天，15℃时为12天。中华草蛉卵在26℃恒温中孵化所需的天数为2～4天。在低温贮藏一段时间后再移入26℃条件下，孵化的天数有所缩短，缩短的时间与卵贮藏温度和贮藏天数有关。如在7℃和12℃中贮藏3～6天后，移入26℃中孵化，所需的天数为3天；贮藏12～21天后，孵化所需的天数为1～2天。

（三）茧的冷藏

草蛉茧冷藏后的羽化率与发育阶段（茧龄）、冷藏时间以及冷藏温度有关。以冷藏4天龄的茧为好，温度控制在6～7℃，冷藏20天其羽化率在90%左右（表16）。

表16 茧冷藏对羽化率的影响

（湖北，1979）

冷藏期（天）	7～8℃的羽化率（%）				10℃的羽化率（%）			
	茧龄				茧龄			
	1天	2天	3天	4天	1天	2天	3天	4天
10	—	64.5	70.0	90.0	64.5	45.0	96.7	70.0
20	19.3	32.2	64.5	90.0	—	58.0	78.0	83.8
25	0	32.2	51.6	38.7	6.4	—	78.0	32.0
30	—	—	—	—	12.9	—	—	51.6

温度对中华草蛉茧的贮藏影响很大。在5℃中贮藏30天，草蛉茧大部分不能孵化，少数（2%～24%）能羽化的茧均在低温贮藏期间羽化；在8℃中，发育2天的茧贮藏30天后，羽化率为43%，贮藏60～90天的茧均不能羽化；发育5～7天的茧，在低温贮藏开始后的15～20天内，可以羽化7%～

56%，以后则不能羽化。

中华草蛉茧在11～12℃中贮藏10～20天，羽化率可达91%～92%，羽化盛期分别在移入恒温室(26℃)后的第三天和第五天出现。但贮藏30天，羽化率则降低至44%，其中有21%在贮藏期间即行羽化，贮藏30天后羽化的茧仅占23%。从实用出发，中华草蛉茧的贮藏以11～12℃、20天为宜。

冷藏卵和茧的方法，除用冰箱保存外，还可因地制宜，选择温度低，受自然气候干扰较小的地方进行低温保存，如水井、地窖等。此外，山洞、地下室等均可用来贮存草蛉。

二、释放应用技术

(一)释放前的准备

田间释放应用即将草蛉按一定量以一定的方式适时释放到田间，对害虫产生控制效果。首先根据当地害虫发生的情况，结合草蛉的贮备情况，确定释放草蛉的时期。若释放过早，害虫基数低，草蛉初孵幼虫往往因找不到足够的食物而存活率不高，另外由于草蛉发育历期较短，等到害虫高峰期到来时，草蛉已接近化蛹，从而失去了对害虫的控制能力。反之，如果释放过迟，害虫对作物已造成了相当程度的为害，害虫基数过大，释放的低龄幼虫已不足控制其为害。若加大草蛉的释放量，则势必要减少防治面积，因此，要掌握释放的有利时机，就必须充分掌握草蛉和害虫两个方面的情况。在草蛉方面要掌握饲养日期及卵、茧、成虫的贮存日期，卵的孵化日期等情况；在害虫方面，一定要进行田间实地调查，做出准确的测报。在田间调查时除对害虫进行调查外，也要调查草蛉情况，然后根据害虫与草蛉之间的比例，最后决定投放量。

其次，根据害虫发生量，确定草蛉的投放量。一般害虫发生量大，就需要投放较多的草蛉，否则得不到理想的效果。因此，为了压低虫口基数，在放蛉前作好定苗或整枝工作，做到先定苗或整枝，后放草蛉。如需用化学农药控制害虫基数，则需选用选择性农药，以及对草蛉比较安全的施药方式，避免释放草蛉后再打药，以利于充分发挥草蛉的控制作用。

（二）释放方式

草蛉的卵、幼虫及成虫均可投放应用。

1. 释放卵　无柄的散卵放到田间后容易被草蛉的天敌如蚂蚁等捕食。因此，要尽量缩短草蛉的卵粒在田间的停留时间，以放灰卵为好，即投放后半天左右就孵化的卵。放卵的特点是方法简便，但损失率较高。放卵方法一般为放卵箔和撒放卵粒。放卵箔：将卵箔剪成小条状，使每个卵箔上有10～20粒卵（投放果树可适当多一点），然后隔一定的距离将卵箔用订书机或大头针固定在作物叶片背面害虫多的地方。撒放卵粒：用刀片将卵粒从卵箔上刮下或用电推从卵柄处剪下。卵与一定量无味锯末或蛭石混合，装在容器（罐头瓶、瓷碗、盆、塑料袋）内备用。用时人工撒放，可以根据不同作物每隔一定距离放入一定量卵粒，最好撒在心叶上，撒放要均匀，也可以用药械将卵喷在大型植株上。有时可在植株上喷一些蔗糖水（5%），以增加卵的附着量。

2. 释放幼虫　放卵虽然简便，但卵放出后容易遭到天敌的捕食，因此，可以采取投放幼虫的方法。为了减少幼虫在室内的饲养时间，故大多是投放初孵幼虫。当害虫发生量大，又需要迅速控制时，也可投放2～3龄幼虫。此方法特点是成活率高，但需要在室内饲养一段时间，费工较多。

投放幼虫的方法为单头投放和多头投放。单头投放：将刚孵化的幼虫，用毛笔挑起放到发生害虫的植株上。此方法一般用于实验地。多头投放：将快要孵化的灰卵用刀片刮下，另用果酱瓶或小型塑料袋装入定量无味锯末，每50克锯末可接入草蛉灰卵500～1 000粒，并加入适量的蚜虫或米蛾卵(1∶5～10的比例)作饲料。然后用纱布扎紧口，放在25℃左右的室内，待其孵化。当有80%的卵孵化时，即可投放。投放时，可再加1～2倍的锯末，轻轻拌匀后就可进行投放。或用塑料袋，内装2/3容量的细纸条，按一定比例加草蛉卵和饲料(蚜虫或米蛾卵)，待草蛉卵孵化后，连纸条一起挂在植株上。

3. 释放成虫　放成虫主要是助迁。露天成虫释放后容易逃逸，如果将草蛉翅剪去，则其活动力弱，易被鸟类等天敌捕食。因此，效果不稳定。在温室，可以考虑放成虫，方法较简便。各地可以根据当地情况灵活应用，可放单一虫态，也可多个虫态混合释放。

(三)投放次数、数量及时间

投放次数和数量因作物不同而异。温室一般按益害比1∶15～20投放，或每株放3～5头幼虫，连续用或间隔1周释放，共释放2～4次。投放时间以早晨为宜。

三、应用效果

我国在草蛉应用方面做了大量的工作，开始是用于防治棉花害虫，后在玉米、果树、蔬菜等作物上均有应用。

防治温室白粉虱：温室白粉虱是温室蔬菜和花卉的重要害虫。1977～1978年北京市农林科学院利用中华草蛉防治温室白粉虱，连续多次在罩笼和大棚进行防治试验。释放前用敌敌畏熏蒸杀灭粉虱成虫。草蛉卵分两批释放：1977年12月31日第一批释放，每公顷放卵120万粒，均匀接在每株黄瓜株上；1978年1月20日，在第一批草蛉开始结茧时，释放第二批卵，每公顷用75万余粒。2月4日调查，虫口减退60.5%，控制了粉虱的为害。对照区虽然两次用敌敌畏熏蒸，但粉虱的虫口密度仍急剧上升，比虫口基数上升 4.8 倍。试验表明，在一定的条件下利用草蛉能够成功地控制温室白粉虱的为害。在冬季温室内第一茬作物上应用成功性较大，因当时无外来虫源的干扰，4 月份以后，粉虱成虫正在室外活动，常因外来虫源不断迁入，影响效果。

（本章由谢明、周伟儒、万方浩编著）

第六章 七星瓢虫的大量饲养与应用

第一节 概 述

一、研究与应用现状

七星瓢虫(*Coccinella septempunctata*)俗称花大姐、麦大夫、豆瓣虫，隶属于鞘翅目(Coleoptera)瓢虫科(Coccinellidae),是田间常见的捕食性天敌。七星瓢虫广泛分布于亚欧大陆、东南亚等地,我国除海南、台湾省未见报道外,其他省份均有分布。全世界有关七星瓢虫的研究和利用的报道很多,涉及生长发育、生殖、迁飞、休眠、滞育等多方面。美国用马铃薯蚜虫饲养成虫,每周可获得30万粒卵(Shands等,1966,1970)。我国20世纪70年代开始对保护利用七星瓢虫进行研究,特别是人工助迁技术在黄河中下游广大地区用于防治小麦及棉花蚜虫,已取得显著成效。

最近10年来,我国大棚蔬菜、设施园艺作物发展十分迅速,大棚蔬菜或设施园艺具备封闭环境和适宜的温湿度两人特点,为利用七星瓢虫防治设施作物上的蚜虫提供了有利条件。天敌的规模化生产是保障温室大量应用的前提,但长期以来七星瓢虫人工饲料的研究未有明显突破,规模化生产很困难。20世纪90年代的人工卵赤眼蜂生产技术实现了商品化和产业化,在产品生产、贮藏和应用方面具有经济、便捷等特点,人工卵赤眼蜂蛹可作为瓢虫的饲料,为七星瓢虫的代饲料提供了新途径。国内报道了七星瓢虫取食赤眼蜂蛹的观察(张良武、曹爱华,1994)及利用人工卵赤眼蜂蛹饲养瓢虫、草蛉的结果(刘志诚、刘建峰,1996)。近年,中国农科院生物防治研究所开展了以人工卵赤眼蜂蛹为主,辅以蚜虫的大量饲养瓢虫的技术研究。

二、形态特征

成虫:体长 5.2~7 毫米,体宽 4~5.6 毫米。虫体卵圆形,呈半球型拱起,背面光滑无毛。头黑色,口器黑色,额与复眼相连的边沿上各有一个圆形淡黄色斑。复眼椭圆形黑色,触角 11 节,稍长于额宽,栗褐色,锤节紧密相连,被有稀疏不齐的细毛,侧缘平直。前胸背板黑色,前角尖锐,基角钝圆,其前角上各有一大型近于四边形的淡黄色斑,伸展到缘折上形成窄条。小盾片近乎三角形,黑色。鞘翅红色或橙黄色,上具 7 黑点,其中于小盾片下方的小盾斑被鞘缝分割成每边一半,上侧斑位于外线上,距基部 1/3 处,中斑位于鞘翅中央,稍偏近于内线中部,下侧斑位于外线上,距端部 1/3 处,鞘翅基部靠小盾片两侧各有 1 个三角形白斑。腹面黑色,但中胸后侧片白色,具白色细毛;前胸腹板突窄而下陷,有纵隆线,后基线分支。足完全黑色,胫节有二刺距,爪有基齿。雄虫第五腹板后缘中央微内凹,第六腹板后缘平截,中部有一横凹陷。其基上缘有一排长毛覆下来。雌虫第五腹板后缘平齐,第六腹板后缘凸出,表面平整。

幼虫:共分 4 个龄期,1 龄暗黑色,将蜕皮时呈灰黑色;2 龄幼虫腹背第一节两侧,各有 1 对黄肉瘤;3 龄腹背第一、第四节两侧都有 1 对黄肉瘤,但第四对外边的两个肉瘤不很明显;4 龄幼虫腹背第一、第四节两侧各有 4 个明显的黄肉瘤,前胸背板两侧各有两个,老熟幼虫体灰白色,像冬瓜皮一样,长约 9 毫米。头部黑色。第一胸节及第一、第四腹节左右各有 4 个橙红色纹,第二、第三胸节左右各有两个较大的橙红色纹，其他腹节各有 6 簇黑色刺毛。

蛹：裸蛹，长约 7 毫米，初为淡黄色，后变为淡黑色，腹部第二、第五节两侧各有淡红色斑 2 个，化蛹前腹部末端的足突固定躯体，化蛹时将老熟幼虫的皮蜕于蛹体尾端。黄褐色，保留蜕皮壳。

卵：卵粒枣核形，两端较尖，一个挨一个整齐排列成卵块，约 30～60 粒，面积为 1.7～2.1 毫米×0.9～1.1 毫米。初产时为淡黄色，后变为黄色，将孵化时变黑色。可见到体分节。

三、生物学特性

(一)生活周期

1. 虫态历期　七星瓢虫在室内 22℃条件下观察，卵期平均为 4 天，幼虫期 14.2 天，其中 1 龄 2 天，2 龄 2.3 天，3 龄 3.7 天，4 龄 6.2 天，预蛹期 1.5 天，蛹期 5.5 天，完成 1 个世代共需 25.2 天，其中 1～4 龄幼虫各龄虫态所占生长历期的比例分别为 22.4%，18.4%，17.2%，41.9%。而在 25℃条件下，卵期平均为 4 天，幼虫期 12.8 天，其中 1 龄 2 天，2 龄 1.8 天，3 龄 3.2 天，4 龄 4.8 天，预蛹期 1.1 天，蛹期 3.5 天，完成 1 个世代共需 17.4 天。

2. 发生世代　在河南安阳地区的调查结果，七星瓢虫每年发生 6～8 代。以成虫在小麦、油菜等的分蘖、根茎基部、土块下、土缝、落叶下越冬，无明显滞育期。气温低于 10℃即停止取食，5℃以下则不吃不动。越冬成虫 2 月中旬开始在越冬场所活动，取食蚜虫。2 月下旬见到卵块，第一代 3 月上中旬至 4 月中旬；第二代 4 月中旬至 5 月中下旬，主要在小麦上，以取食麦蚜为主；第三代 5 月中下旬至 6 月上旬；第四代 6 月上旬至 6 月下旬，第三、第四代主要存在于棉田，以取食棉蚜为主。6 月下旬至 8 月上旬因高温、多雨和食物缺乏，进入夏眠阶段或迁飞至山区寒冷地带越夏，很少见到成虫活动。第五代8月下旬至9月上中旬。第六代9月中旬至10月中下旬，第五第六代主要分布在玉米、高粱、萝卜、白菜田块，如果气候适宜，则10月下旬至11下旬出现第七代，其中一部分成虫进入越冬贮藏脂肪阶段，向小麦和油菜田块迁移，还有一部分产下越冬代卵，于12月中旬进入越冬状态。

在江苏盐城地区，七星瓢虫以苕子上的蚜虫饲养越冬成虫，寿命达到150天，1代成虫寿命平均为68天，越冬成虫产卵期可长达90天，1代成虫平均产卵期为40天，因常有间断现象，故实际成虫产卵期为26.7天，成虫产卵前期为20天。卵的历期在3～4月间(11～15℃)为7～8天，5月份(17～20℃)为4～5天，6月份(22～24℃)为3～4天。幼虫历期，在20℃平均为14.1天，其中1龄为3.1天，2龄为3.2天，3龄为3.3天，4龄为4.6天，而22℃时为11天。预蛹期为1天，蛹期5.6天，估计完成1代的时间约需24天，4～5月份需30天左右。

(二)生活习性

1. 交尾与产卵　七星瓢虫成虫有假死性和避光性，成虫羽化后2～7天后即可交尾，交配行为一般分为5个阶段：接近、观察、检验、口器接触试探、交尾尝试等。羽化后8天可以产卵，交尾次数同产卵量无关。产卵期3.1～65.3天，平均45.2天。1头雌虫一生可以产卵567～4 475粒，平均每天产卵78.4粒，最多可达197粒。越冬成虫寿命较长，可达90多天。一般成虫寿命为67～98天，平均77天。

产卵位置同外界环境关系密切。在初春晚秋气温较低，七星瓢虫选择导热性能好的石块、土块以及金属碎片的背面、避光、表面粗糙处产卵。七星瓢虫选择产卵位置有一定的趋地性和避光性，避免卵被取食或寄生，争取卵期发育温度。晚春或初秋，气温较高，七星瓢虫则选择在导热性适中的泡沫、纸张等材料上产卵，以免卵块遭受过高温度或过度失水，这对保证种群延续有重要意义。

2. 捕食能力　七星瓢虫的成虫和幼虫主要取食蚜虫，还可以取食叶螨、白粉虱、玉米螟、棉铃虫等幼虫和卵。取食量的大小与气温和猎物密度关系极大。七星瓢虫捕食蚜虫的功能反应为Holling II型功能反应，在猎物密度较低的情况下，捕食量随猎物密度上升，呈指数增长。在猎物密度较高情况下，其捕食量接近极限水平，保持基本不变。温度高对七星瓢虫捕食能力的影响主要是影响七星瓢虫和猎物的活动能力，增加七星瓢虫与猎物相遇的机率，提高了七星瓢虫的搜索效率和瞬间攻击能力。据统计，七星瓢虫对烟蚜的平均每日取食量为：1龄10.7头，2龄33.7头，3龄60.5头，4龄124.5头，成虫130.8头。高温时取食量大，4龄幼虫食蚜量占总量的66.5％～88.5％。另外，七星瓢虫还有种内自残习性，幼虫蜕皮或化蛹时被强大的幼虫取食，卵块常常被幼虫或成虫取食，取食卵块的七星瓢虫只能发育至2龄。另外，取食猎物的种类对七星瓢虫生长、发育和繁殖均有一定的影响(表17)。

表17　猎物的种类对七星瓢虫生长、发育和繁殖的影响

蚜虫种类	发育历期（天）	死亡率（％）	初羽化成虫重量（毫克）
烟　蚜	13.0	12.5	36.4
棉　蚜	13.6	9.1	36.3
莱缢管蚜	16.1	26.1	30.9
豌豆蚜	13.3	18.6	37.2
修尾蚜	14.8	13.4	33.5
绣线菊蚜	19.5	50.0	18.4

3. 自相残杀捕食习性　七星瓢虫尽管取食同种卵和幼虫后,发育延长和蛹重降低,在缺乏合适的食料时,它可以利用同种和非同种的卵、幼虫以及刚蜕皮的幼虫或初蛹作为食料,发生种间或种内的自残现象。卵期的自残从生态学意义上来讲,具有淘汰未受精卵和因生活力弱而孵化较晚的个体,选择生活力强的个体生存,保证这些个体在食物缺乏时的生存,但不利于种群的迅速扩大。幼虫期的自残行为集中在3龄和4龄幼虫,食物的不足或分布不均是发生自残的主要因素,空间的狭小性也同时增加了自残幼虫等相遇率。通过自残这种自我调节淘汰弱个体、保留适当的性比,从而保证种群整齐度、进行种群优化组合。自残行为是影响七星瓢虫规模化饲养的重要因素之一。增加种群整齐度、提高食物的数量和均匀度以及增加幼虫活动空间是解决自残现象的主要途径。在饲养容器中添加刨花或纸筒等绒状物,增加空间复杂度,可有效解决七星瓢虫的自残现象。

4. 化蛹与羽化　七星瓢虫常选择叶背、卷叶、树缝、土块下化蛹。气温高低与化蛹位置的选择关系密切。在初春或晚秋,气温较低,七星瓢虫选择导热性良好的材料如土块、石块、近上部叶片等部位化蛹,其化蛹的角度同太阳的方位角和高度角有明显相关关系,说明七星瓢虫以热量来源作为自然条件下控制化蛹位置选择机制的调节器。化蛹时,七星瓢虫选择具有良好通风和干燥、避光的部位,田间的卷叶以及凹陷的石穴等均可作为化蛹场所。在气温较高的晚春或初秋,七星瓢虫选择导热性适中的材料进行化蛹。

5. 迁飞与滞育　近年来的研究表明,七星瓢虫具有远距离迁飞的能力,在不同的海域也有群聚现象(蔡晓明,1979;董承教,1982;阎俊杰,1983)。夏季随着偏南季风向北迁移,因而在平原地区(郑州)出现季节性突减。据推测,可能部分群体降落在河南省北部的山区。从9月初开始,成虫可能随秋季偏北季风由北向南迁移,形成平原地区秋季虫口的大幅度增加,并成为越冬的主要虫源。

七星瓢虫的滞育主要是生殖滞育(钦俊德,1979)。生殖滞育受到环境温度、湿度、光周期的影响,生殖滞育影响着七星瓢虫的人工规模化生产。它主要表现为产卵雌虫比例下降,成虫的产卵前期延长。在捷克斯洛伐克的一项研究中表明,在实验室内用蚜虫饲喂同一种群,2～3代后滞育个体的比例下降,有的甚至没有滞育个体。环境因素中光照与温度的作用并不是独立的,温度高于25℃、长日照(>16小时/天)可以使七星瓢虫发生生殖滞育,而在短日照(<10小时/天)和低温(<20℃)条件下不发生生殖滞育(Matsuka,1983)。食料成分中缺乏某些生理调节物质的合成原料(如激素前体物、促食因素、助食因素等)引起内分泌失常也可能发生生殖滞育(Cerksov,1980;Wilde,1983;Hodek,1986;Scriber,1989)。由此,保幼激素与其他因素相结合通过取食行为与物质代谢调控着七星瓢虫的生殖滞育,成为滞育调控的关键因素。同时七星瓢虫的滞育并不是只发生在雌虫。Isogaz等1996年指出,雄虫在不适应的环境中也同样发生滞育,主要表现在精子的生成过程,在第二次减数分裂后的精子形成期,附腺的数量较少,精子成熟度降低。

四、自然发生及规律

七星瓢虫的自然发生与田间气候和寄主蚜虫数量有明显关系。一般在天气干旱、气温稳定上升时,七星瓢虫的种群发展较快。2月下旬越冬成虫以越冬蚜虫为食,活动力较弱,一般在麦田、油菜田以及温室花卉中较多。3月上旬至5月上中旬，随着气温的回升，田间蚜虫数量呈指数性增长时，此时一般气温稳步回升、干旱少雨，极利于七星瓢虫种群的建立。5月下旬由于雨季的来临和高温天气，蚜虫种群也明显下降，七星瓢虫幼虫成活率和成虫寿命都明显降低。因此，七星瓢虫种群由5月中旬的高峰发生量逐渐下降，至7月份高温天气，七星瓢虫一般都迁飞至气温较低的山区和丘陵地带，在树木或森林中越夏。此时的高温多雨天气对蚜虫和七星瓢虫的发生均有不利影响。8月中下旬气温逐渐下降，七星瓢虫迁回大田和蔬菜田块取食。同时由于雨季的结束，气温的波动较小，七星瓢虫很快形成第二个数量高峰期，蚜虫的大量繁殖为七星瓢虫提供了必要的食料。至8月下旬和10月上中旬，由于寒流或霜降的影响，气候呈不规则变化，七星瓢虫的死亡率明显增加，种群数量下降至最低水平。气温降低至10℃时，七星瓢虫基本上停止生殖活动，开始集聚脂肪等营养物质，体内的脂肪体增大、粗面内质网增多、线粒体增多、肠道的蛋白酶和胰蛋白酶的活性降低，主要贮存脂肪、蛋白质等物质。温度低于5℃，七星瓢虫进入越冬场所，不吃不动，此时田间和树木上很少见到七星瓢虫活动。

五、环境因素对七星瓢虫发生的影响

温湿度对七星瓢虫生长发育有很大的影响。一般在天气干旱，气温稳定上升时对其生长发育有利，多雨、高湿或气温忽高忽低时不利。室内饲养温度应控制在20～25℃，如超过30℃则产卵量极低，死亡率明显增高。田间大气温度超过25℃，相对湿度在55%左右时，虫口明显下降。因此，北方麦田3～4月份灌水、中耕等农事活动会直接增加七星瓢虫的死亡率。七星瓢虫耐寒力强，越冬时田间成活率很高。在18℃每公顷仍保存9 000多头虫子，不同年份4～5月份的气温高

低，直接影响七星瓢虫的发育，高温时发育快，低温时发育慢。湖北省麻城县报道，在温度为25℃，相对湿度为92%时，完成1个历期需15天；在温度为23.5℃，相对湿度为85.5%时，完成1个历期需31.3天，延长了1倍发育时间。

食物影响七星瓢虫的种群密度和分布状况。这些食物在自然条件下，来源于小麦、油菜、棉花、豆类、绿肥以及蔬菜、果树、林木、杂草等植物上的蚜虫。它们可作为转换和补充食物的来源。另外，在食物缺乏时，七星瓢虫可取食十字花科、蔷薇科的花粉和部分真菌孢子。蚜虫的种类影响七星瓢虫的捕食和发育，表现出不同的功能反应和数值反应。田间调查表明，油菜田的瓢虫比麦田多，前者每公顷可多达75万头，后者只有3万～6万头。蚜虫发生期早，不同农田生境中的植被发育情况影响其发生期和发生量，间接影响七星瓢虫的数量。据河南省安阳调查，山丘中七星瓢虫多于平原，旱地多于水田，油菜田多于麦田，三类苗地多于一二类苗地。一般在蚜虫发生高峰期后7～15天，即为捕食性瓢虫的发生高峰期，每公顷有蚜虫450万～1 200万头，七星瓢虫有3万～4.5万头；每公顷有蚜虫1 200万～1 950万头，则有七星瓢虫7.5万头。每公顷蚜虫在4 500万头以上，则七星瓢虫可以大发生（超过12万头）；蚜虫在1 500万头以上，七星瓢虫中发生（7.5万头）；蚜虫在1 200万头以下，则七星瓢虫低发生（3万～4.5万头）。

天敌对七星瓢虫影响明显。国外已发现了15个科80余种寄生性天敌，国内有3种寄生蜂和1种寄生蝇寄生七星瓢虫的幼虫和成虫，捕食性天敌主要有鸟类。田间的病毒、细菌、真菌以及线虫和微孢子虫对七星瓢虫的影响也有报道，田间白僵菌、绿僵菌对瓢虫的影响较大，昆虫病原病毒如NPV、GV、MPV对瓢虫的影响也已有报道，在田间应用时应对这些因素加以充分考虑。

第二节 饲料与加工

一、营养需求

营养状况作为七星瓢虫适应外界环境需求与反馈的基本信息，在生长发育、繁殖过程中起着决定作用。营养状况的优劣不仅影响着存活、发育速度、繁殖状况，同时也影响它的搜索、取食、交配、产卵行为。作为一种信息源，它还成为七星瓢虫滞育与休眠的诱导物质。食物含水量与环境湿度在七星瓢虫的生理代谢中发挥着重要作用。有研究表明，食物的含水量在一定范围内(＜85%)可以缩短七星瓢虫的产卵前期(陈志辉等，1988)。这表明食物量对肠道的刺激作用是七星瓢虫产卵生理过程中的诱导因素之一(龚和等，1990)。糖类中，蔗糖在促食与增加体重上作用最明显，蜂蜜可能既具有糖类的促食作用，又含有特定的氨基酸，因而饲用蔗糖和蜂蜜具有提前七星瓢虫的产卵前期、提高七星瓢虫的取食量与产卵量的作用(傅饴玲，陈志辉，1982；Heidari，1989；Robert，1993)。在脂类中，以 18 碳的不饱和脂肪酸如亚麻酸与油酸作用最佳，其功能是提高瓢虫的食物利用率与转化率(陈志辉，1989；Mcore，1980；Mchortar，1972)。比较人工饲料与天然饲料的游离氨基酸与水解后的氨基酸含量，就可发现虽然人工饲料的氨基酸含量比天然饲料高，但其游离氨基酸的含量却低于天然饲料，这说明瓢虫的人工饲料中的蛋白质的利用率较低，可能是七星瓢虫体内缺乏消化利用人工饲料中蛋白质的某些蛋白酶所致(龚和，1990)。另外，饲料中维生素 E 和 B 族维生素对七星瓢虫体表色素的沉积有明显的促进作用(Hodek et. al. 1991)。

二、人工饲料

经过多年的研究，七星瓢虫的人工饲料得到了发展。依据七星瓢虫的人工饲料组成成分，可分为人工代饲料与化学合成饲料。从 20 世纪 50 年代开始，七星瓢虫的人工饲养的研究突破了依赖目标昆虫的局限，向人工代饲料与化学合成饲料转变。

(一)人工代饲料

1. *主要成分* 七星瓢虫人工饲养的研究从含有昆虫物质的人工饲料起步，先后用桃蚜粉、音蜂雄蜂蛹、地中海粉螟、米蛾卵等昆虫材料进行了尝试(Smiroff，1958；Hagen，1962；李丽英，1964；Okadou，1970；Matsuka，1972；Ipeterti，1972，1975；朱耀沂，1976；Niijama，1979)，其中音蜂雄蜂蛹的营养价值较高，饲喂七星瓢虫对其幼虫生长发育、成虫寿命无不利影响。虽然成虫可以产卵，但产卵量与孵化率较低，而且产卵前期较长。因为雄蜂蛹的材料不易获得，制备方法复杂且不易保存等原因，没能投入使用(北京师范大学生物系，1979)。家蚕蛹可能因为含有抑制性的物质或蛋白质氨基酸比例不适宜、不丰富，不适宜于七星瓢虫的取食，营养效果较差(朱耀沂，1980)。此后，不含昆虫材料的人工饲料得到了发展。利用富含蛋白质、脂肪、糖类及维生素的动物组织(鲜猪肝、鲜鱼肉、糖、麻雀肉、鸡肝等)进行了研究，其中研究较深入的是以猪肝为主的基础饲料(中国科学院动物研究所，1977)，但其营养效果不及音蜂雄蜂蛹，同时该饲料呈流体状，与瓢虫取食行为不相适，在饲养幼虫时易淹死幼虫，也不宜长时间保存，只能用来研究七星瓢虫的营养生理。几乎与此同时，对花粉、玉米油、麦胚、大豆水解物、蜂王浆、酪素、蔗糖等及其衍生物也作为人工饲料进行了研究，但是与音蜂雄蜂蛹饲料相比，营养效果较差，幼虫的生长发育迟缓(Atallah & Newson，1966)。近年来，寄生性天敌赤眼蜂蛹的规模化商品化生产，提供了七星瓢虫人工代饲料研究的新途径，又因其价格低廉、制备简单、易于贮藏与运输等优点，受到了人们的重视(张良武、曹爱华，1994)，具有更大开发利用前途。总之，人工饲料基本满足维持七星瓢虫的生长与发育方面的要求，但在七星瓢虫成虫生殖营养方面，仍须进一步突破(表 18)。

表 18　不同配方对七星瓢虫成虫生殖生活力的影响

配　方	产雌率(%)	产卵量(粒/雌)	成虫寿命(天)	产卵前期(天)
音蜂雄蜂蛹粉	75	112.5	74	26.5
鲜猪肝：蜂蜜：蔗糖为 5：1：1	61.5	74.6	—	17
鲜猪肝：蔗糖：水为 5：2：0.7 ＋橄榄油＋ZR-512	96.7	154.7	—	17
猪肝：蔗糖：蜂蜜为 5：1：1	73	133.7	—	16
猪肝：蔗糖为 5：2	13	167.3	—	20
人工卵赤眼蜂蛹	15	22.5	—	30
麻雀肉：蜂蜜：蜂乳：菜汁为 7：1：1：1	0	0	60	—
玉米花粉：蜂蜜：蜂乳为 7：1：1	0	0	80	—
蔗糖：蜂乳：蜂蜜：水：琼脂为 1：1：1：10：0.2	0	0	55	—

利用人工卵赤眼蜂蛹饲养七星瓢虫，幼虫生长发育和成虫寿命达到了蚜虫食料对照水平，只是产卵量较低、产卵前期延长。其中人工卵赤眼蜂作为饲料的最佳时期为初蛹期，其次

为老熟幼虫期、中幼期、中蛹期。在人工卵赤眼蜂蛹饲料的基础上进行改进，是解决七星瓢虫人工饲料研究的可能途径。饲料的物理性状的合适与否影响着七星瓢虫的取食与营养。在自然条件下，七星瓢虫取食蚜虫，蚜虫呈固体状，含水量较高，糖类与水分是主要成分。在正常情况下，羽化后第四天，瓢虫的血淋巴中的卵黄原蛋白出现一个高峰期，然后被脂肪体吸收有所下降，至产卵前期又有一高峰期，产卵后即保持平稳水平。

2. 添加成分　在主成分研究的过程中，由于营养缺陷或缺乏刺激因素，有必要添加其他成分。目前应用较多的几个因子是：促食因子，如橄榄油、豆油及蜂蜜和蔗糖等；生殖调控因子，如保幼激素类似物 ZR-512 和胆固醇等；抗菌物质，如山梨醇和甲醛等。由于目前人工代饲料的主成分的选择没有确定，使用的主成分较为混乱，组分复杂，所以添加成分的研究缺乏深入系统性。

(二)化学合成饲料

由于应用纯化学合成饲料研究瓢虫的营养需求及特定物质(如取食因素、激素前体物、特定因素等)的调控机理，发展了七星瓢虫的化学合成饲料。孟氏隐唇瓢虫(*Cryptolaemus montrouzier* L.)与异色瓢虫的化学合成饲料曾有报道(Chumakova，1962；Niijama，1977)，但只能从 1 龄饲养到 3 龄。中国科学院动物研究所(1978)用化学纯合成饲料饲养了七星瓢虫，幼虫不能完成发育，成虫不能产卵，但可以存活两个月。该化学合成饲料含有 18 种氨基酸(60%)、6 种无机盐(6.9%)、蔗糖(32.5%)、胆固醇(0.5%)及 10 种维生素(0.1%)(龚和等，1979)。七星瓢虫等捕食性天敌昆虫的化学合成饲料的进展困难，可能是捕食性天敌的食料中含有猎物与寄主植物的合成产物或衍生物，难以用简单的化学试剂来代替。

三、饲料的物理性状

流体状食物如猪肝、蜂蜜及蔗糖的复合饲料等不适宜七星瓢虫的取食，且易于结块霉变(龚和、陈志辉，1987)。粉状食料如音蜂雄蜂蛹粉等因需通过冰冻真空干燥制备，会引起营养物质的化学变化或营养成分丧失，进而影响被取食程度与营养水平。用天然鲜材料食料则易于腐烂变质，影响七星瓢虫的卫生需求。另外，对饲料的粘度、细度、均匀度等方面都有严格的要求。通过对七星瓢虫的口器构造与取食行为的研究，严福顺和钦俊德(1986)指出，由于瓢虫口器的下唇须感受器具有味觉和触觉双重功能，初羽化 5 天内化学感受器中的内鞘细胞的胞腔大，对食物的物理性质较为敏感，对合适食物取食量较大，而对非适宜食物通过条件反射或学习行为拒绝或部分接受。瓢虫利用嗅觉、视觉、味觉等综合生理功能搜寻食物，猎物的蜜露、气味、利他素等信息物质为瓢虫的远距离快速准确搜寻提供了条件。但是也有人认为，只有当七星瓢虫接触蚜虫进行一系列刺探后，才决定其对食料的接受程度(Hodek，1967)。对此，目前深入研究较少。因此，设计七星瓢虫人工饲料时要综合考虑瓢虫的取食行为、营养以及加工的难度和经济成本等问题。

第三节　饲养与大量繁殖

一、利用蚜虫为饲料的饲养

利用烟蚜、蚕豆修尾蚜以及白杨毛蚜等饲养七星瓢虫，需对其生物学特性进行观察，才能评价不同蚜虫种类的营养水平和七星瓢虫的选择优势。用木槿上的棉蚜饲喂初孵幼虫，至成虫羽化，平均历期为 11.4 天，成虫羽化平均体重 30 毫克，死亡率为 33%（钦俊德，1991）。美国引进七星瓢虫后，用带蚜虫的植物叶片和人工饲料混合饲养，取得大量卵，用 33%的草莓浆作为引诱物质诱集七星瓢虫产卵，用温水洗下，再喷洒到作物上应用。由于此法一方面要有大量的蚜虫为基础，另一方面卵块难以低温存储（Shands et al. 1970），故而难以推广应用。

二、利用人工饲料规模化饲养

目前应用较多的是用猪肝—蔗糖人工饲料进行规模化饲养，但这种方法明显存在着生殖力低下的问题，难以达到规模化生产的数量。如在饲料中添加保幼激素类似物 ZR-512，则生产成本较高，难以推广应用。近年来，寄生性天敌赤眼蜂蛹的规模化商品化生产提供了七星瓢虫人工代饲料研究的新途径，又因其价格低廉、制备简单、易于贮藏与运输等优点受到了人们的重视（张良武、曹爱华，1994），具有开发利用前途。下面以人工卵赤眼蜂蛹作为七星瓢虫的人工饲料，简要介绍瓢虫规模化繁殖的方法。

（一）饲养的气候条件

通过田间及实验室研究，明确了七星瓢虫的发育起点温度和有效积温，1～4 龄幼虫饲养适宜温度为 18～29℃，最佳温度为 21～26.5℃；成虫适宜温度为 13～34℃，最佳温度

19～27℃。湿度对七星瓢虫的成活率影响较大，相对湿度低于60%时卵孵化率明显下降，卵期最佳湿度为75%～85%；幼虫期湿度超过85%则降低七星瓢虫的存活率，其最佳湿度为65%～80%；成虫期湿度高于90%，成虫的存活率与寿命明显降低，产卵量明显下降，最佳湿度为65%～75%。目前一般的饲养在全日照条件下进行，最低日照时数不低于14小时，否则引起成虫的生殖滞育，降低产卵量（朱景治，1987；汪世泽，1982；钦俊德，1986；傅饴玲，1988）。

（二）七星瓢虫规模化饲养的设备和条件

1. 土建及设备　标准化养虫室，建筑面积约45平方米，分恒温恒湿间、洗涤消毒室、处理室和贮藏室四部分。恒温恒湿间，主要用于瓢虫的培养生长，内需配备控制温度和湿度的的调节装置（空调、加湿器等），照明线路分为一般照明线路和定时控光线路，定时器采用石英定时控制仪。另外，还需要通风换气扇、空调等设备。洗涤消毒室，主要用于对所用器具的清洗与消毒，要求有良好的通风和通水设备及必要的消毒剂、清洗剂、清洗工具、紫外线消毒灯、熏蒸器等。处理室，用于处理七星瓢虫的饲料及七星瓢虫。要求有必要的消毒操作台、工作椅、白瓷盘、剪刀、镊子、大小毛笔、昆虫针、移虫环、脱脂棉、棉纱、尼龙纱、橡皮筋、标记笔、铅笔、记录纸、锥子、解剖刀等。贮藏室，用于贮藏七星瓢虫的饲料与七星瓢虫产品（如成虫、蛹等）。要求有控温在0℃以上的冰箱等。

2. 饲料处理及饲养器具

①养虫盒：长37厘米，宽24厘米，高12厘米，由聚酯塑料制成。

②养虫隔：长35厘米，宽22厘米，由铝合金制成框，中央固定窗隔网，网格大小约1.5～2厘米×1～1.5厘米。

③玻璃板盖：长 38 厘米，宽 26 厘米，厚 0.4～0.7 厘米，为无色透明玻璃。

④纸筒：长 10 厘米，直径 0.9 厘米，由经消毒的报纸、打印纸或其他不易吸潮的纸张制成。

⑤棉纱缸：高 15 厘米，直径 9 厘米。

⑥白瓷盘：大小各异的医用白瓷盘。

⑦塑料盒：长 15 厘米，宽 7 厘米，高 6 厘米，为聚苯乙烯材料制成。

（三）培育蚕豆蚜

1. 蚕豆苗的培育　在温度为 28℃、相对湿度为 75%～80%的温室中，先将蚕豆用自来水冲洗干净，后用 50%的多菌灵 200 倍液浸种 10 分钟，捞出用清水洗后，浸泡至芽萌动。

在长 15 厘米，宽 7 厘米，高 6 厘米的塑料盒（底部用锥子扎洞若干）中放入适量的蛭石或云母片，将萌动的蚕豆根向下植入蛭石中，每盒植入蚕豆 15 粒。然后将塑料盒放入白瓷盘中，在白瓷盘中加入适量的水，在蛭石上覆盖湿布或浸湿的滤纸。出芽后揭去覆盖物。

2. 蚕豆蚜的接种及培育　从田间的眉豆或蚕豆以及洋槐等寄主上采集豆蚜，接种在长有 2～3 片真叶的蚕豆苗上，在温度为 28℃、相对湿度为 80%的温室中培育 1 周，待蚜虫长满芽体后备用。

（四）人工卵赤眼蜂蛹的预备

从人工卵赤眼蜂蛹工厂采购优质人工卵赤眼蜂蛹卡，在室温发育至中蛹期，然后冷藏于 4℃冰箱中备用。使用时用解剖刀片将人工卵赤眼蜂蛹卡划开，弃去废弃部分备用。

（五）采种与扩繁

1. 采种　5 月初或 8 月底在蚜虫多的小麦或白菜等地

块，用捕虫网扫捕七星瓢虫成虫或蛹若干备用。

2. 扩　繁

(1)成虫的饲喂方法：用长 20 厘米，宽 15 厘米，高 30 厘米的透明有机塑料盒，一面用尼龙纱粘附，其对面有两块可以开启的盖子。里面放置长满豆蚜的蚕豆苗盒子 2 个，约有蚕豆苗 40 株。将采回的七星瓢虫按雌雄比为 4∶1 接入，每盒接入成虫 35 头。饲养条件是温度 25±1℃，相对湿度 75%以上，光照 14 小时，用日光灯照明。每天更换 1 次蚕豆苗。在养虫盒内均匀放置 4 个产卵诱集器。产卵诱集器由废弃的易拉罐皮做成，做法如下：先将易拉罐皮剪开，折叠成波浪形，凹面跨度为 1 厘米，每个诱集器有 10 个凹面即可；再选用新鲜的草莓用匀浆机匀浆或手动榨汁，尔后将骨胶微热溶化后加入草莓浆配成 33%的草莓骨胶溶液。将草莓骨胶溶液喷涂在波浪形的易拉罐皮凹面处，自然风干后即可使用。使用时，将涂有草莓骨胶溶液的一面向下放置。瓢虫卵椭圆形，橘黄色，直立于草莓骨胶层面上。初羽化的成虫 8 天后开始产卵，产卵一般集中在上午 9 时 30 分～10 时 30 分，下午 3 时～4 时，以蚜虫为食料，羽化后 13 天即进入产卵盛期，产卵盛期时每天更换 2 次烟叶，从烟叶采下瓢虫卵块。以蚜虫为食料，七星瓢虫一般产卵期为 40～60 天，产卵雌虫饲养 45 天后，更换一批。为保持卵量的持续性，应在更换前 15 天，饲养初羽化成虫。如以人工饲料(如人工卵赤眼蜂蛹)饲养则七星瓢虫产卵期只有25～35 天，应 30 天更换一批，在更换前 20 天饲养初羽化成虫以保持卵的持续收获量。

(2)卵的孵化及处理：收集卵时，可将产卵诱集器浸入温水中，待明胶溶化，瓢虫卵即沉入水底，弃去带明胶的温水，将瓢虫卵用吸水纸吸干表面水分，放置在新鲜烟叶表面，在

10℃下保存1周,基本不影响孵化率。注意贮存期不能超过10天。如要孵化幼虫,则可用来苏儿将瓢虫表面消毒,置于25～28℃、相对湿度为75%～85%的条件下,3～4天后孵化。初孵幼虫黑色,有吃卵壳习性,因而常常群集。

(3)幼虫的饲养及处理

① 1龄幼虫的饲养:将人工卵赤眼蜂蛹卡用刀片划开,弃去覆盖的聚乙烯膜,放置在直径9厘米、高15厘米的经漂白粉消毒的棉纱缸中,然后将七星瓢虫初孵幼虫块用镊子或毛笔挑入棉纱缸中的蛹卡上(70头初孵幼虫),瓶口用尼龙纱覆盖,用橡皮筋扎紧。放置在25℃、相对湿度为75%～85%的养虫室内饲养。每日更换1次蛹卡,并将死虫捡出,2日后初孵幼虫蜕皮1次进入2龄期。

② 2龄幼虫的饲养:在棉纱缸中加入长8厘米、直径0.9厘米的纸筒,纸筒呈“井”或“田”字形放置,纸筒上放上剪开的蛹卡1张,然后挑入2龄幼虫14头;此后,再呈“井”或“田”字形放上纸筒,纸筒上放蛹卡,再挑入2龄幼虫14头。如此反复,每瓶放入5张蛹卡,放70个纸筒,70头2龄幼虫,分5层放置。每天更换1次蛹卡,并振动纸筒,使幼虫跌落在蛹卡上,同时捡去死虫。2日后幼虫蜕皮进入3龄期。

③ 3龄幼虫的饲养:方法同2龄幼虫,分10层放置,每层7头3龄幼虫,1张蛹卡,7个纸筒。每日更换蛹卡1次,振动纸筒使幼虫跌落蛹卡并捡去死虫和蜕皮,3日后蜕皮进入4龄期。

④ 4龄幼虫的饲养:方法同2龄幼虫,分14层放置,每层5头4龄幼虫,1张蛹卡,5个纸筒。每日更换蛹卡1次,振动纸筒使其一次跌落蛹卡并捡去死虫与蜕皮,3日后蜕皮进入预蛹期。

(4)七星瓢虫预蛹或蛹的采集和贮藏：七星瓢虫的化蛹和蜕皮在纸筒内进行，老熟幼虫进入纸筒化蛹，化蛹幼虫卷曲，尾部粘附在纸筒的内壁。轻度振动纸筒幼虫不会跌落。将含有预蛹的纸筒放置于室温25℃、相对湿度75%～85%条件下保存1天后，预蛹蜕皮化蛹进入初蛹期，初蛹期瓢虫呈鲜黄色，背部无黑斑。再过1天，瓢虫进入中蛹期，中蛹期瓢虫呈暗黄色，背部有明显黑斑。将进入中蛹期的瓢虫包括纸筒一起放入纸箱（事先用锥子扎直径小于5毫米的洞）中，在4℃冰箱保存50天仍能正常羽化。如采用保湿保鲜冰箱效果更佳。

(5)成虫的羽化：将七星瓢虫的蛹连同纸筒一起放置在22～27℃、湿度70%～85%条件下，3.5～4天后即可羽化。如使用贮藏蛹可将贮藏的瓢虫蛹放置在25～28℃、湿度高于80%的条件下羽化，2天后瓢虫即可羽化。羽化后依据体外特征区分雌雄，保持饲养室内雌雄比达到3～5：1即可，其余雌雄虫，可用人工饲料喂养1周后置于4℃冰箱保存。保存成虫时，贮藏容器应保持通气，不能有积水或油滴。成虫可保存45～60天，最长不能超过90天。

（六）注意事项及其对策

1. 饲养条件的卫生状况及其维护　饲养条件的卫生状况对于七星瓢虫等捕食性天敌的规模化饲养很重要。卫生状况良好，一是可以减少七星瓢虫的病虫害发生，减轻饲养种群的病虫害，从而提高饲养天敌昆虫的品质和质量，提高生产效率；二是可以减少饲养环境对工作人员的负面影响，提高工作效率，还可以降低生产成本等。维持良好的卫生状况，首先要求有良好的卫生设备，如通风风道、消毒柜、清洁室、无菌操作台等；其次要遵循科学的操作程序，严格把好每一个细节；再次，要及时发现和处理异常现象，对使用过的器具和空间及时进行消毒或灭菌处理。

消毒和灭菌是保持环境卫生的关键环节，主要包括对饲养目标昆虫、食料、以及饲养器具等的消毒和灭菌。对于目标昆虫的消毒，一般采用表面消毒，常用的表面消毒剂有双氧水、升汞、来苏儿、酒精等。但要注意酒精和升汞的使用浓度，以避免虫体脱水和蛋白质变性。对非活性食料一般采用湿热灭菌措施，分为常压灭菌和低压灭菌等，可根据情况决定使用具体的灭菌措施。制作猪肝—蜂蜜复合食料或音蜂雄蜂蛹粉食料常采用常压灭菌，以保持营养物质不被破坏，器具一般采用干热灭菌。大型器具和室内消毒，常采用熏蒸或紫外线照射方法进行。如对隔离物纸筒、刨花等均需进行紫外线照射。再如，房间消毒时，除地面撒布石灰外，还可将福尔马林加入高锰酸钾中，二者反应产生甲醛气体，对悬浮细菌、真菌、孢子、病毒等有杀灭作用。

2. 自相残杀捕食及其控制对策　七星瓢虫自残行为是影响其规模化饲养的重要因素之一。食物的不足或分布不均则是其自残的主要因素，而空间的狭小性通过其领域性行为增加了自残率。另外，种群的整齐度对幼虫期的自残行为影响显著。自残现象在 3 龄和 4 龄幼虫尤其明显，通过这种自我调节淘汰幼弱个体、保留合适的性比例而保证种群整齐度，进行种群优化组合。增加种群整齐度、提高食物的数量和均匀度以及增加幼虫活动空间，是解决自残的主要途径。实践证明，在饲养容器中添加纸筒、刨花和其他绒状物，因增加了空间途径复杂度，可有效减缓七星瓢虫的自残消耗，提高产品率。

3. 滞育及其解除　七星瓢虫的滞育主要是生殖滞育。生殖滞育影响着七星瓢虫的人工规模化生产。生殖滞育受到环境温度、湿度、光周期的影响，主要表现在：产卵雌虫比例下降；成虫的产卵前期延长；产卵量降低。兼性滞育可以通过提高环境温度（如 22～27℃）、增加光照（如全日照）、增加和更换食料等措施予以解决。在实验室内饲养多代后，饲养种群中基本上不存在滞育个体。

第四节　释放应用及其效果

一、释放方法

七星瓢虫的释放应用应与适宜的田间管理相结合。释放虫期一般为成虫和蛹期，在适宜的气候条件下也可释放大龄幼虫。在温室等保护地，由于物种比较单一，七星瓢虫的天敌种类较少，也可释放卵。

（一）释放成虫

成虫的释放一般以傍晚为宜，因为此时气温较低，光线较暗，比较稳定，不易迁飞。对释放前的成虫进行 24～48 小时的饥饿处理或冷水浸渍处理，对于降低七星瓢虫的迁飞能力，提高七星瓢虫捕食量均有明显作用。在田间投放蘸有蔗糖水的棉花球或星点状喷洒蔗糖水，对于降低成虫迁飞能力，提高释放效果有明显作用。释放后两天内不宜进行灌水、中耕等大型田间活动，以免引起瓢虫迁飞或死亡。最好在释放前，进行灌水和浅耕。释放后注意进行田间调查，确定释放对策。一般瓢蚜比在 200 以上，则应补充瓢虫。瓢蚜比低于 200 则基本可以控制蚜虫为害。释放数目一般应达到每公顷 3 000～4 000 头。瓢虫的天敌较多，麻雀、鸡等禽类对七星瓢虫捕食量较大，故靠近村庄的田块应采取少放、勤放的方法。

（二）释放蛹

一般应在蚜虫的高峰期前 3～5 天释放，释放时田间湿度在 55%～85%为好。释放时，将七星瓢虫化蛹的纸筒或刨花一同投入田间,把这些包装物悬挂在植物中上部位。其田间管理同成虫释放方法。释放后10天内不要进行耕作活动,以保证第一批卵的成活。

(三)释放幼虫

一般于气温稳定在20～27℃、夜间气温不低于10℃时释放为好。释放时将纸筒或刨花一同投入田间,于植物中上部悬挂为宜。可在田间适量喷洒1%～5%蔗糖水,或将蘸有蔗糖水的棉球同瓢虫一同放入田间。其田间管理同成虫释放方法。

(四)释 放 卵

一般应在天敌种类和数量较少,环境比较稳定的田块释放,气温以不低于20℃为宜。释放时将卵块用温开水浸渍,待产卵诱集器上的明胶溶化入水后,撇去水,再加入适量的温水,水温不低于20℃。用喷雾器进行喷雾,喷雾时应取下雾化器喷头,使水呈细线状喷出。喷雾时要喷到植株中上部叶片。喷雾后10天内一般不应进行农事活动,以免降低幼虫成活率。释放瓢蚜比应达到1∶10～20,释放20天后应进行田间调查,以预测防治效果。

二、释放应用效果

多年来的实践表明,利用七星瓢虫防治棉蚜、菜蚜、烟蚜等害虫,效果较好。已在河南、山东、河北、四川、云南等省进行了大面积应用。河南省安阳利用瓢虫防治棉蚜的面积占全县棉田总面积的93%。5月中旬,棉田和烟田蚜量发展到高峰,百株蚜量平均为997头,最高达到5 478头,运用瓢虫防治,2天后虫口减退55%,3天后减退66%,5天后减退85%,5天后取得明显防治效果,百株蚜量减少到55～178头,平均为123.5头,与同期对照百株蚜量达到3 354头比较,控制效果在85%以上。利用瓢虫防治的田块棉花、烟草、油菜等长势良好。烟田中烟草花叶病等病毒性疾病明显降低。

Hamalainen and Markkula(1992,1997)利用七星瓢虫在温室中防治甜椒和萝卜上的烟蚜与萝卜蚜的实践表明:使用幼虫和卵可以有效地控制蚜虫的密度,但投入人力较多;释放七星瓢虫操作简易,但成虫产卵量较少,难以保证足够的后代数量。温室的放风活动影响着七星瓢虫的迁飞活动。因此减少放风次数,适宜控制温室温度,对于提高七星瓢虫的产卵量,提高防治效果有重要作用。

(本章由孙毅、万方浩编著)

主要参考文献

1. 叶正楚．用紫外线处理的米蛾卵饲养草蛉．生物防治通报，1986，2(3)：132～134

2. 田毓起．丽蚜小蜂的繁殖技术．农业科技通讯，1982，(8)：21～22

3. 田毓起．释放丽蚜小蜂防治温室白粉虱的试验．中国蔬菜，1983，(2)：40

4. 朱国仁．丽蚜小蜂和黄板诱杀综合防治温室白粉虱的研究初报．中国蔬菜，1983，(3)15

5. 赵敬钊．草蛉的保护和利用．湖北：武汉大学出版社，1989

6. 郭玉杰．变温变湿对智利小植绥螨发育和存活的影响．生防通报，1987，(1)：19～22

7. 董慧芳．专食性植绥螨的饲养方法．植物保护，1984，10(1)：20～21

8. 董慧芳．应用智利小植绥螨防治温室一串红上二斑叶螨的试验．生物防治通报，1985，1(1)：12～15

9. 董慧芳．应用智利小植绥螨防治温室四种花卉上二斑叶螨的研究．生物防治通报，1986，2(2)：59～62

10. 董慧芳．四种杀螨剂对智利螨定居和繁殖的影响．生物防治通报，1988，4(1)：1～5

11. 董慧芳．增效浏阳霉素防治叶螨的效果和对智利小植绥螨影响的研究．生物防治通报，1990，6(3)：97～101

12. 董慧芳．非致死浓度农药对智利植绥螨繁殖和定居的影响．生物防治通报，1990，6(2)：59～63

13. 董慧芳．非致死浓度农药对智利植绥螨产卵孵化和定居的影响．生物防治通报，1992，8(3)：106～109

施肥养地与农业生产100题 5.00元
酵素菌肥料及饲料生产与使用技术问答 5.00元
配方施肥与叶面施肥（修订版） 6.00元
作物施肥技术与缺素症矫治 6.50元
测土配方与作物配方施肥技术 16.50元
亩产吨粮技术(第二版) 3.00元
农业鼠害防治指南 5.00元
鼠害防治实用技术手册 12.00元
赤眼蜂繁殖及田间应用技术 4.50元
科学种稻新技术 8.00元
提高水稻生产效益100问 6.50元
杂交稻高产高效益栽培 6.00元
双季杂交稻高产栽培技术 3.00元
水稻农艺工培训教材 9.00元
水稻栽培技术 6.00元
水稻良种引种指导 22.00元
水稻杂交制种技术 9.00元
水稻良种高产高效栽培 13.00元
水稻旱育宽行增粒栽培技术 4.50元
水稻病虫害防治 7.50元
水稻病虫害诊断与防治原色图谱 23.00元
香稻优质高产栽培 9.00元
黑水稻种植与加工利用 7.00元
超级稻栽培技术 7.00元
超级稻品种配套栽培技术 15.00元
北方水稻旱作栽培技术 6.50元
现代中国水稻 80.00元
玉米杂交制种实用技术问答 7.50元
玉米高产新技术(第二次修订版) 12.00元
玉米农艺工培训教材 10.00元
玉米超常早播及高产多收种植模式 6.00元
黑玉米种植与加工利用 6.00元
特种玉米优良品种与栽培技术 7.00元
特种玉米加工技术 10.00元
玉米螟综合防治技术 5.00元
玉米病害诊断与防治 11.00元
玉米甘薯谷子施肥技术 3.50元
青贮专用玉米高产栽培与青贮技术 4.50元
玉米科学施肥技术 8.00元
怎样提高玉米种植效益 9.00元
玉米良种引种指导 11.00元
玉米标准化生产技术 9.00元
玉米病虫害及防治原色图册 17.00元